战略性新兴领域“十四五”高等教育系列教材

材料智能设计与制造导论

主编　刘　哲
参编　陈睿豪　袁睿豪　王洪强

机 械 工 业 出 版 社

本书属于教育部战略性新兴领域“十四五”高等教育系列教材，针对新工科背景下产业对高端技术人才在信息化、智能化技术应用方面的培养需求，结合当前材料科学与人工智能技术交叉融合的最新发展趋势，并融入编者对材料智能设计与制造领域教学与科研的实践经验编写而成。本书共6章，系统阐述了材料智能设计与制造的基本原理、关键方法以及实际应用案例。本书内容包括第一性原理计算及材料数据库、材料的机器学习建模方法、材料智能设计与优化方法、基于高通量实验的材料筛选方法、材料智能设计与制造的前沿应用案例和材料智能设计与制造的发展趋势。

本书旨在为读者提供一本关于材料智能设计与制造领域的入门指南，适合作为普通高等院校材料类、化学类相关专业的教材，同时也可作为机械类、自动化类、电子信息类等专业的参考书。

图书在版编目（CIP）数据

材料智能设计与制造导论 / 刘哲主编. -- 北京 ：机械工业出版社，2024. 11. --（战略性新兴领域“十四五”高等教育系列教材）. -- ISBN 978-7-111-77191-3

Ⅰ. TB303；TH166

中国国家版本馆 CIP 数据核字第 2024Z3T765 号

机械工业出版社（北京市百万庄大街22号　邮政编码100037）

策划编辑：董伏霖　　责任编辑：董伏霖　杨　璇

责任校对：宋　安　李　婷　　封面设计：张　静

责任印制：李　昂

北京捷迅佳彩印刷有限公司印刷

2024年12月第1版第1次印刷

184mm×260mm · 8.75印张 · 214千字

标准书号：ISBN 978-7-111-77191-3

定价：39.00元

电话服务

客服电话：010-88361066

010-88379833

010-68326294

网络服务

机　工　官　网：www.cmpbook.com

机　工　官　博：weibo.com/cmp1952

金　　书　　网：www.golden-book.com

机工教育服务网：www.cmpedu.com

前言

在过去的几十年中，材料科学取得了令人瞩目的进展，推动了诸多高新技术领域的发展，如电子器件、航空航天、生物医学以及能源技术。然而，传统的材料设计方法往往依赖于经验和试错法，不仅效率低，而且成本高。随着计算机算力的提升和人工智能技术的兴起，材料科学迎来了巨大的变革。材料智能设计与制造技术将理论计算、实验数据和机器学习有机结合，为材料的创新和优化提供了全新的路径。本书正是在这样的背景下应运而生的，旨在为读者提供相关的知识框架，以探索这一领域的最新进展。

本书共6章，大致可分为基本原理与关键方法和应用案例两个部分：第1部分包括1~4章，介绍了第一性原理计算及材料数据库、材料的机器学习建模方法、材料智能设计与优化方法和基于高通量实验的材料筛选方法，主要聚焦于一些理论基础和常用方法；第2部分包括第5、6章，主要介绍了材料智能设计与制造的前沿应用案例，在设计高熵合金、功能陶瓷以及钙钛矿太阳电池等前沿材料中，应用了自然语言处理、生成式模型以及人工智能等前沿方法，阐述了材料智能设计与制造的发展趋势，并大胆展望了其未来可能的发展方向。

鉴于材料智能设计与制造领域的前沿性和快速发展的特性，本书旨在培养学生的创新思维和实践能力，而非追求内容和知识体系的完整。每一章均通过具体应用场景或实践进行引导，深入剖析了材料智能设计与制造方法的应用前景，帮助学生形成运用信息化、智能化方法解决材料科学问题的思维方式。为了方便读者学习与掌握，本书配套有丰富的线上教学资源，读者可通过扫描书中的二维码轻松获取视频教程和仿真软件等的使用方法，实现线上线下学习的无缝衔接。

本书在内容上尽可能覆盖材料智能设计与制造技术的相关内容，但因篇幅有限，很多重要、前沿的材料未能覆盖，即便覆盖到的部分也仅是管中窥豹。本书作为材料设计与制造的导论，仅为读者提供该领域的基本知识和框架，更多内容留待读者自行探索。

本书面向材料科学与工程及相关专业的本科生和研究生，由西北工业大学刘哲教授策划并统稿。第1章由袁睿豪编写，第2、3章由刘哲编写，第4、5章由陈睿豪、王洪强、袁睿豪编写，第6章由刘哲编写。

本书的完成离不开许多人的支持与帮助，在此，我们谨向所有为本书的撰写与出版付出努力的人致以诚挚的谢意。材料智能设计与制造领域发展极其迅速，鲜有人能对其众多分支领域均有精深理解。编者自认才疏学浅，仅略知皮毛，书中欠妥之处在所难免，欢迎广大读者批评指正。

编者

目　录

绪论

材料智能设计与制造是一个复杂的多学科交叉领域，需要整合多种理论知识和技术方法来优化材料性能和制造工艺。本书包含材料智能设计与制造的基础知识及其在材料中的具体应用。第 1~4 章系统介绍了材料智能设计与制造的基本方法及理论，第 5~6 章主要介绍了其在材料中的应用案例。

第 1 章主要介绍了材料学中的第一性原理计算及材料数据库。第一性原理计算被广泛应用于计算材料的物理、化学以及热力学性质。通过第一性原理计算可以获得在实验上很难观测到的物理量，可以为理解材料学中的一些现象提供理论基础。相较于实验而言，第一性原理的高通量计算能在较低的成本下得到大量的准确性与实验相当的数据；同时数据库可以提供大量结构化的数据，因此这两项技术可以为材料的智能设计奠定坚实的数据基础。

机器学习可以帮助材料科学家从不同尺度、不同维度深入认识材料的机理特征，理解材料问题的科学本质。第 2 章详细介绍了机器学习建模方法的基础理论及应用案例。本章阐述了材料科学对机器学习的需求，探讨了线性回归、决策树、支持向量机、高斯过程回归、神经网络、卷积神经网络等多种机器学习建模方法，深入讲解了数据预处理、模型评价指标和模型评估方法，最后展示了机器学习在二维铁磁材料性质预测与筛选、先进含能材料的高通量虚拟筛选以及镍基高温合金相结构预测中的具体应用。这些理论模型与应用案例结合，为材料设计和制造提供了强有力的支持。

随着计算技术的进步和机器学习的快速发展，材料科学正迎来新的革命。传统依赖经验和试错的材料研发方式已无法满足现代科学的需求，数据驱动的研发模式逐渐兴起。通过机器学习，可以高效处理和分析庞大的实验数据，预测材料性能，设计新材料，并优化工艺参数。因此，第 3 章深入介绍了贝叶斯优化和生成模型基础理论及其在材料设计与优化中的应用案例。特别是贝叶斯优化和生成模型在材料逆向设计中的创新应用，为新材料的发现和优化提供了强有力的工具。通过这些内容，旨在帮助读者全面了解机器学习在材料科学中应用的基本概念，方便大家理解人工智能如何加速解决材料设计与制造中面临的问题。

基于第 1~3 章的理论框架，高通量实验技术应运而生。通过自动化、标准化的操作流程与数字化、信息化的分析手段，它能够有效解决传统意义上材料研发和筛选的困难，在提高科研效率的同时降低实验成本。在第 4 章中，主要介绍了利用高通量实验进行材料筛选的工作流程以及相关方法，包括材料制备、性能表征、计算筛选等。与此同时引入了前沿的科研案例帮助读者将理论与实践结合，深入了解高通量实验是如何将大量复杂的实验任务进行集成和优化，实现实验过程的智能化，助力新型材料的发现和优化。

有了前面的各种实验以及模拟方法的支持，下一步就可以进行材料的设计与制造过程的优化。因此，第 5 章详细介绍了人工智能在高熵合金、功能陶瓷材料以及新能源材料与器件中的应用，正是通过实验上得到的已有数据，然后通过第 2 章中的机器学习方法得到材料的成分、加工过程与目标性能之间的关系，最后筛选得到符合我们预期的新材料，从而加速传统的“试错”实验过程。

作为本书的结语，在第 6 章开放式探讨了新一代人工智能技术在材料设计与制造领域的应用前景，特别是大语言模型（如 GPT）在文献数据提取、材料数据库的构建以及多层次复杂关系数据处理等方面所面临的机遇和挑战。传统的自然语言处理模型尽管有效，但仍需要大量手工标记数据和较深的编程知识。大语言模型则显示出超强的语义理解和生成能力。通过微调，大语言模型在材料化学信息提取任务中表现出色，显著提高了数据整理和分析的效率。我们对新材料的智能设计与制造充满希望，然而在突破人工智能的可靠性方面仍面临多种挑战。

第1章
第一性原理计算及材料数据库

1.1　第一性原理计算

第一性原理计算是指不引入任何经验参数或经验规律，根据量子力学知识，直接通过基本物理常数（原子的种类和空间坐标）求解薛定谔方程，最终得到 N 电子多体体系的物理化学性质。它在材料科学中的应用日益广泛，成为研究材料性质和行为的重要工具。基于量子力学的基本理论，第一性原理方法能够在不依赖实验参数的情况下，从原子和电子层次上精确地预测材料的结构、性质和性能。这种方法为理解和设计新材料提供了强有力的理论支持，特别是在研究材料的电子结构、磁性、光学性质、力学性能和热力学行为等方面，发挥了关键作用。

1.1.1　多体薛定谔方程

材料属于多粒子体系，是由大量微观粒子组成的。其中原子核和核外电子的行为决定材料的物理化学性质进而决定材料性质。理论上来讲，只要给定任意材料的组分，就可以通过量子力学来求解薛定谔方程，从而得到材料的各种性质。

以一维单粒子体系为例，通过式（1-1）即薛定谔方程求解波函数并代入式（1-2）可获得该粒子能量，不同的波函数解对应该粒子不同的能级。粒子总能量还可以由式（1-3）表示，哈密顿算符等于动能算符和势能算符相加。

$$i\hbar\frac{\partial\psi(x,t)}{\partial t}=-\frac{\hbar^2}{2m}\frac{\partial^2\psi(x,t)}{\partial x^2}+V(x,t)\psi(x,t) \tag{1-1}$$

$$E\psi(x,t)=i\hbar\frac{\partial\psi(x,t)}{\partial t} \tag{1-2}$$

$$\hat{H}=-\frac{\hbar^2}{2m}\nabla^2+V(x,t) \tag{1-3}$$

式中，$\hbar$ 是约化普朗克常量；$\psi(x,t)$ 是波函数；m 是粒子质量；$V(x,t)$ 是势函数；E 是粒子总能量；$\hat{H}$ 是哈密顿算符；∇^2 是拉普拉斯算子。

而对于由 N 个电子和 M 个原子核构成的三维多粒子体系，每个粒子的位置由空间矢量 $\vec{r}=(x,y,z)$ 表示。相应的哈密顿算符和薛定谔方程为

$$\hat{H}=-\sum_i^N \frac{\hbar^2}{2m_e}\nabla_i^2-\sum_A^M \frac{\hbar^2}{2m_A}\nabla_A^2+V(\vec{r_1},\vec{r_2},\cdots,\overrightarrow{r_{M+N}},t) \tag{1-4}$$

$$E\psi(\vec{r_1},\vec{r_2},\cdots,\overrightarrow{r_{M+N}},t)=\hat{H}\psi(\vec{r_1},\vec{r_2},\cdots,\overrightarrow{r_{M+N}},t) \tag{1-5}$$

式中，m_e 是电子质量；m_A 是原子核质量；$\psi(\vec{r_1},\ \vec{r_2},\ \cdots,\ \overrightarrow{r_{M+N}},\ t)$ 是波函数；$V(\vec{r_1},\ \vec{r_2},\ \cdots,\ \overrightarrow{r_{M+N}},\ t)$ 是势函数。

然而，多粒子体系的波函数包含 $3(M+N)$ 个变量，计算起来非常困难甚至无法进行，所以要求解多粒子体系的薛定谔方程就必须对体系做出合理的近似和简化。

多粒子体系的哈密顿算符展开后由五部分组成，即电子动能项，原子核动能项，电子和电子、电子和原子核以及核与核间的相互作用项。由于原子核质量比电子大得多，因而电子运动比原子核快得多，这一速度差异的结果使得电子在每一时刻仿佛运动在静止原子核构成的势场中，相当于一个外加势场。由此将多粒子体系的电子运动与原子核运动分离开来，此时电子运动的哈密顿算符见式（1-6）。如果忽略了原子核动能项，原子核之间的相互作用看作一个常数可以直接去掉，这就是玻恩-奥本海默近似或称为绝热近似，见式（1-7）。如果可以写出多粒子波函数 $\psi(\vec{r_1},\ \vec{r_2},\ \cdots,\ \vec{r_N})$，就可以根据公式得到能量期望值。

$$\hat{H}=-\sum_i^N \frac{\hbar^2}{2m_e}\nabla_i^2-\sum_A^M \frac{\hbar^2}{2m_A}\nabla_A^2+\sum_{i>j}^N \frac{e^2}{\vec{r_{ij}}}-\sum_i^N\sum_A^M \frac{e^2 Z_A}{\vec{r_{iA}}}+\sum_{A>B}^M \frac{e^2 Z_A Z_B}{\vec{r_{AB}}} \tag{1-6}$$

$$\hat{H}=\hat{T}+\hat{V}_{ee}+\hat{V}_{\text{ext}}=-\sum_i^N \frac{\hbar^2}{2m_e}\nabla_i^2+\sum_{i>j}^N \frac{e^2}{\vec{r_{ij}}}-\sum_i^N\sum_A^M \frac{e^2 Z_A}{\vec{r_{iA}}} \tag{1-7}$$

式中，e 是电子的电荷；Z_A 是 A 原子核的电荷；Z_B 是 B 原子核的电荷；$\vec{r_{ij}}$ 是电子之间的位置向量；$\vec{r_{iA}}$ 是电子与 A 原子核间的位置向量；$\vec{r_{AB}}$ 是 A 原子核与 B 原子核间的位置向量。

1.1.2 从头算方法

1. 哈特里方程

在绝热近似下，虽然复杂多粒子体系薛定谔方程被简化为多电子体系薛定谔方程，但是在真实体系中电子的数量极多，直接求解薛定谔方程仍然十分复杂。如果能将电子之间的相互作用视为简单的相互作用或者甚至没有相互作用，将会使求解过程进一步简单化。

哈特里在 1928 年提出，把单电子运动近似为在其他电子形成的平均作用势场中的运动，并假设多电子波函数是单电子波函数的简单连续求积形式，即式（1-8）。把式（1-7）改写成式（1-9），其中 $\hat{h}(\vec{r_i})$ 代表单电子算符，只涉及一个电子 i，$\hat{v}_2(\vec{r_i},\ \vec{r_j})$ 是双电子算符，即电子与电子相互作用项。式（1-10）中 $v_{\text{ext}}(\vec{r_i})$ 表示第 i 个电子感受到所有原子核的作用。

$$\psi_{\mathrm{H}}(\vec{r}) = \prod_{i}^{N} \psi_i(\vec{r}_i) \tag{1-8}$$

$$\hat{H} = \sum_i^N \hat{h}(\vec{r}_i) + \frac{1}{2}\sum_i^N \sum_{j\neq i}^N \hat{v}_2(\vec{r}_i,\vec{r}_j) = \sum_i^N \hat{h}(\vec{r}_i) + \frac{1}{2}\sum_i^N \sum_{j\neq i}^N \frac{1}{\vec{r}_{ij}} \tag{1-9}$$

$$\hat{h}(\vec{r}_i) = -\frac{1}{2}\nabla^2 + v_{\mathrm{ext}}(\vec{r}_i) = -\frac{1}{2}\nabla_i^2 - \sum_j^M \frac{Z_j}{\vec{r}_{ij}} \tag{1-10}$$

根据哈特里波函数计算系统能量可以分为两部分，第一部分是单电子项 E_1，第二部分是双电子项 E_2，计算方式见式（1-11）和式（1-12）。对总能量进行变分同时考虑限制性条件即波函数归一化，最后得到哈特里方程，见式（1-13），其中哈密顿算符第三项为电子与电子相互作用项，也称为 Hartree 项。这个方程只针对第 i 个电子，所以是一个单电子方程。

$$E_1 = \left\langle \psi_{\mathrm{H}}(\vec{r}) \left| \sum_i^N \hat{h}(\vec{r}_i) \right| \psi_{\mathrm{H}}(\vec{r}) \right\rangle \tag{1-11}$$

$$E_2 = \left\langle \psi_{\mathrm{H}}(\vec{r}) \left| \frac{1}{2}\sum_i^N \sum_{j\neq i}^N \frac{1}{\vec{r}_{ij}} \right| \psi_{\mathrm{H}}(\vec{r}) \right\rangle \tag{1-12}$$

$$\left[-\frac{1}{2}\nabla^2 + V_{\mathrm{ext}} + \sum_{j\neq i}^N \int \frac{|\psi_j(\vec{r}_j)|^2}{\vec{r}_{ij}} \mathrm{d}(\vec{r}_j)\right]\psi_i(\vec{r}_i) = E_i\psi_i(\vec{r}_i) \tag{1-13}$$

2. 哈特里-福克方法

哈特里的假设将多电子波函数直接写成单电子波函数的乘积，忽略了泡利不相容原理。福克考虑到电子的反对称性，将体系的多电子波函数从简单的连乘形式替换为 Slater 行列式形式，见式（1-14）。其中 $\phi_i(\vec{r}_j)$ 表示第 i 个电子的波函数，$\vec{r}_j$ 表示空间和自旋两部分的坐标。由于交换行列式任意两列，行列式整体会多出一个负号，自然满足了波函数的反对称性。

$$\psi_{\mathrm{HF}}(\vec{r}_1,\vec{r}_2,\cdots,\vec{r}_N) = \frac{1}{\sqrt{N!}}\begin{vmatrix} \phi_1(\vec{r}_1) & \phi_2(\vec{r}_1) & \cdots & \phi_N(\vec{r}_1) \\ \phi_1(\vec{r}_2) & \phi_2(\vec{r}_2) & \cdots & \phi_N(\vec{r}_2) \\ \phi_1(\vec{r}_3) & \phi_2(\vec{r}_3) & \cdots & \phi_N(\vec{r}_3) \\ \vdots & \vdots & & \vdots \\ \phi_1(\vec{r}_N) & \phi_2(\vec{r}_N) & \cdots & \phi_N(\vec{r}_N) \end{vmatrix} \tag{1-14}$$

类似哈特里波函数，用哈特里-福克波函数计算系统总能量，仍然有单电子项 E_1 和双电子项 E_2 两个部分，见式（1-15）和式（1-16），推导得到哈特里-福克方程，即式（1-17）。

$$E_1 = \left\langle \psi_{\mathrm{HF}}(\vec{r}) \left| \sum_i^N \hat{h}(\vec{r}_i) \right| \psi_{\mathrm{HF}}(\vec{r}) \right\rangle \tag{1-15}$$

$$E_2 = \left\langle \psi_{\mathrm{HF}}(\vec{r}) \left| \frac{1}{2}\sum_i^N \sum_{j\neq i}^N \frac{1}{\vec{r}_{ij}} \right| \psi_{\mathrm{HF}}(\vec{r}) \right\rangle \tag{1-16}$$

$$\left[-\frac{1}{2}\nabla^2 + V_{\mathrm{ext}} + \sum_j^N \int \frac{|\psi_j(\vec{r}_j)|^2}{\vec{r}_{ij}} \mathrm{d}(\vec{r}_j)\right]\psi_i(\vec{r}_i) - \sum_j^N \int \frac{\psi_j^*(\vec{r}_j)\psi_j(\vec{r}_j)}{\vec{r}_{ij}} \mathrm{d}(\vec{r}_j)\psi_i(\vec{r}_i)$$
$$= \sum_j \lambda_{ij}\psi_j(\vec{r}_i) \tag{1-17}$$

哈特里-福克方程比哈特里方程多了一项，叫作交换项。交换项来自电子波函数的反对称性，此时哈特里-福克方程和哈特里方程不同，不再是一个单电子方程。

哈特里-福克方法虽然考虑了波函数的反对称性，但这种反对称性只存在于自旋平行的情况下。哈特里-福克方法还有一部分能量没有考虑到。一方面单个 Slater 行列式形式的波函数不能完全描述多体波函数，会造成一部分能量差。另一方面哈特里-福克方法中的电子库仑相互作用考虑的是一个电子与其他所有电子的平均作用，而实际上电子是运动的，任何一个电子的运动都会影响其他所有电子的分布，这种动态的库仑相互作用也是没有考虑到的。总之哈特里-福克方法可以考虑 99%的总能量，而哈特里-福克方法和真正能量之间的差叫作关联能。

1.1.3 密度泛函理论基础

1. 托马斯-费米模型

哈特里-福克方程和哈特里方程都是以波函数为基本变量求解薛定谔方程，这些方法称为波函数方法。但是对于多体系统，波函数本身非常复杂，难以求解。1927 年托马斯和费米首先提出在均匀电子气中的电子密度可以写成电子密度的函数。在密度泛函理论（DFT）中，它不是从求解波函数来处理多体系统，而是从空间电子密度 $\rho(\vec{r})$ 出发将空间电子密度作为唯一变量处理多体系统。虽然密度泛函理论是基于托马斯-费米模型建立的，但发展更成熟的密度泛函理论是基于霍恩伯格-科恩定理和科恩-沈方程建立的。

2. 霍恩伯格-科恩定理与科恩-沈方程

1964 年霍恩伯格和科恩提出了霍恩伯格-科恩定理，该定理分为两个部分：哈密顿外势场 V_{ext} 是电子密度的唯一泛函，即电子密度可以唯一确定外势场；能量可以写成电子密度的泛函 $E[\rho]$，该泛函的最小值就是系统的基态能量。

霍恩伯格和科恩直接推论是电子密度唯一确定外电势 V_{ext}，所以整个多粒子体系的哈密顿算符也就确定了。将多电子体系的总能量表示为电子密度的泛函，通过薛定谔最小化总能量泛函就可以获得基态电子密度和基态能量，这也是密度泛函理论的基础。

霍恩伯格-科恩定理证明系统能量是电子密度的泛函，但并没有给出具体可解的方程。对于 N 个电子的系统，单粒子波函数为 $\psi(\vec{r}_1,\ \vec{r}_2,\ \cdots,\ \vec{r}_N)$，则多粒子电子密度 $\rho(\vec{r})$ 为 $N\int\cdots\int|\psi(\vec{r}_1,\ \vec{r}_2,\ \cdots,\ \vec{r}_N)|^2\mathrm{d}\vec{r}_2\cdots\mathrm{d}\vec{r}_N$（这里忽略了自旋的指标）。因为电子是不可区分的粒子，所以找到任意一个电子的概率都是一样的，直接乘以 N。还可以定义双粒子电子密度 $\rho^{(2)}(\vec{r},\vec{r}\,')$，即表示在某一位置找到一个电子，同时在另一个位置找到另一个电子的概率。

$$\rho^{(2)}(\vec{r},\vec{r}\,')=N(N-1)\int\cdots\int\cdots|\psi(\vec{r}_1,\vec{r}_2,\cdots,\vec{r}_N)|^2\mathrm{d}\vec{r}_1\mathrm{d}\vec{r}_2\cdots\mathrm{d}\vec{r}_N \tag{1-18}$$

通常可以定义一个电子对关联函数 g，把单电子和双粒子电子密度联系起来，即

$$\rho^{(2)}(\vec{r},\vec{r}\,')=\rho(\vec{r})\rho(\vec{r}\,')g(\vec{r},\vec{r}\,') \tag{1-19}$$

现分别考虑多粒子哈密顿中的动能项、外场项、电子与电子相互作用项。外场项是一个单粒子项，推导需要用到单粒子电子密度。电子与电子相互作用项涉及两个电子，需写成双粒子电子密度的泛函，如果考虑两个电子完全没有关联，那么双粒子电子密度简单等于两个单粒子密度函数的乘积：$\rho^{(2)}(\vec{r},\vec{r}\,')=\rho(\vec{r})\rho(\vec{r}\,')$。实际上电子是有关联的，所以需要额外

增加一个修正项 Δ_{ee}。由于无相互作用系统的动能和真实多粒子系统的动能是不一样的，为此也必须加一个修正项 ΔT。

$$E_{\text{ext}} = \langle \psi | V_{\text{ext}} | \psi \rangle = \int v_{\text{ext}}(\vec{r})\rho(\vec{r})\mathrm{d}\vec{r} \tag{1-20}$$

$$E_{ee} = \langle \psi | V_{ee} | \psi \rangle = \frac{1}{2}\iint \frac{\rho^{(2)}(\vec{r},\vec{r}')}{|\vec{r}'-\vec{r}|}\mathrm{d}\vec{r}\mathrm{d}\vec{r}' = \frac{1}{2}\iint \frac{\rho(\vec{r})\rho(\vec{r}')}{|\vec{r}'-\vec{r}|}\mathrm{d}\vec{r}\mathrm{d}\vec{r}' + \Delta_{ee} \tag{1-21}$$

$$\begin{aligned} T &= -\frac{1}{2}\int \psi^*(\vec{r}_1,\vec{r}_2,\cdots,\vec{r}_N)\nabla^2\psi^*(\vec{r}_1,\vec{r}_2,\cdots,\vec{r}_N)\mathrm{d}\vec{r}_1,\cdots,\mathrm{d}\vec{r}_N \\ &= -\frac{1}{2}\sum_i^N \int \psi_i^*(\vec{r})\nabla^2\psi_i(\vec{r})\mathrm{d}\vec{r} + \Delta T \end{aligned} \tag{1-22}$$

三项合并得到基态总能量 E，右边第一项是假想的无相互作用的动能项；第二项是外场项；第三项是经典的库仑作用项，即 Hartree 项；第四项是对 Hartree 项的修正项；第五项是对无相互作用系统动能的修正项。前三项都有具体的表达形式，最后两个修正项具体形式未知。如果明确后两项的准确表达式，那么整个能量表达式不存在任何除绝热近似之外的近似。在实际计算过程中，把这两项合并起来称为交换关联能 E_{XC}。此时基态能量表达式为

$$E = -\frac{1}{2}\sum_i^N \int \psi_i^*(\vec{r})\nabla^2\psi_i(\vec{r})\mathrm{d}\vec{r} + \int v_{\text{ext}}(\vec{r})\rho(\vec{r})\mathrm{d}\vec{r} + \frac{1}{2}\iint \frac{\rho(\vec{r})\rho(\vec{r}')}{|\vec{r}'-\vec{r}|}\mathrm{d}\vec{r}\mathrm{d}\vec{r}' + E_{\text{XC}} \tag{1-23}$$

交换关联能包含有相互作用的多粒子系统和无相互作用多粒子系统之间的能量差，既包括电子交换项，也包括关联项。虽然交换关联能的严格表达式未知，但可以写成电子密度的泛函，常见的近似方法有局域密度近似（LDA）、广义梯度近似（GGA）、含动能密度的广义梯度近似（MGGA）等。

基于公式对 $\psi_i^*(\vec{r})$ 进行变分再加上单电子波函数的正交归一化条件，类似推导哈特里-福克方程得到著名的科恩-沈方程，即

$$-\frac{1}{2}\nabla^2(\vec{r}) + \left[v_{\text{ext}}(\vec{r}) + \int \mathrm{d}\vec{r}'\frac{\rho(\vec{r}')}{|\vec{r}'-\vec{r}|} + \mu_{\text{XC}}[\rho]\right]\psi_i(\vec{r}) = \varepsilon_i\psi_i(\vec{r}) \tag{1-24}$$

式中，$\mu_{\text{XC}}[\rho] = \dfrac{\delta E_{\text{XC}}[\rho]}{\delta\rho}$，是交换关联势。

将方程中的所有势能项写成一个有效势能 $\hat{V}_{\text{eff}}$，得到科恩-沈方程的另一种表达形式，即

$$[\hat{T}+\hat{V}_{\text{eff}}]\psi_i(\vec{r}) = \varepsilon_i\psi_i(\vec{r}) \tag{1-25}$$

科恩-沈方程是密度泛函理论的核心方程，将相互作用的多粒子系统转换为无相互作用的单粒子系统，并将电子间相互作用归结于交换关联势中。相比哈特里-福克方程，科恩-沈方程计算量更小，且除了绝热近似外是严格的，但交换关联势的形式未知，需进一步引入近似。求解过程为自洽迭代，目标是找到稳定的电子态密度和波函数使总能量最小化。在迭代开始时提供估计初始电子态密度，使用初始电子密度求解科恩-沈方程，得到波函数后计算新的电子态密度。新的密度通过波函数的模平方叠加得到，与旧密度混合后重新求解方程。每轮迭代后检查电子态密度变化，以判断是否收敛。若差异小于设定阈值或达到收敛标准，计算结束；否则继续迭代，直至收敛或达到最大迭代次数。一旦收敛后，使用得到的电子态

密度和波函数计算物理量和性质，如总能量、电子能带结构、光学性质、电荷密度分布等。

当然求解科恩-沈方程前必须先选定基组才能得到本征方程。此外，赝势和交换关联能形式也需要指定和选取。

1.1.4 科恩-沈方程求解

1. 平面波基组

在第一性原理计算软件中最常用的基组是平面波基组（Plane-Wave Basis Set）。它以平面波的方式来展开电子波函数和电荷密度，适用于周期性体系的计算。考虑一个一般的哈密顿量，波函数用平面波展开得到

$$\left[-\frac{\hbar^2}{2m_e}\nabla^2+V(\vec{r})\right]\psi_i(\vec{r})=E_i\psi_i(\vec{r}) \tag{1-26}$$

$$\psi_i(\vec{r})=\frac{1}{\sqrt{\Omega}}\sum_{\vec{q}}c_{i,\vec{q}}e^{i\vec{q}\cdot\vec{r}}=\sum_{\vec{q}}c_{i,\vec{q}}\mid\vec{q}\rangle \tag{1-27}$$

$$\sum_{\vec{q}}\left[-\frac{\hbar^2}{2m_e}\nabla^2+V(\vec{r})\right]\mid\vec{q}\rangle c_{i,\vec{q}}=E_i\sum_{\vec{q}}\mid\vec{q}\rangle c_{i,\vec{q}} \tag{1-28}$$

把波函数的展开式代入薛定谔方程，两边同时左乘 $\langle\vec{q}'\mid$ 得到

$$\sum_{\vec{q}}\langle\vec{q}'\mid\left[-\frac{\hbar^2}{2m_e}\nabla^2+V(\vec{r})\right]\mid\vec{q}\rangle c_{i,\vec{q}}=E_i\sum_{\vec{q}}\langle\vec{q}'\mid\vec{q}\rangle c_{i,\vec{q}}=E_ic_{i,\vec{q}'} \tag{1-29}$$

现在计算哈密顿阵元，其中第一项是动能项，即

$$\langle\vec{q}'\mid-\frac{\hbar^2}{2m_e}\nabla^2\mid\vec{q}\rangle=-\frac{\hbar^2}{2m_e}\mid\vec{q}\mid^2\delta_{\vec{q}',\vec{q}} \tag{1-30}$$

第二项是势能项 $\langle\vec{q}'\mid V(\vec{r})\mid\vec{q}\rangle$，势能函数 $V(\vec{r})$ 用傅里叶级数展开，展开系数为 $V(\vec{K}h)$。将势能函数代入势能项，当 $\vec{q}'-\vec{q}=\vec{K}h$ 时，上述矩阵元才不等于0，即

$$V(\vec{r})=\sum_{\vec{K}h}V(\vec{K}h)e^{i\vec{K}h\cdot\vec{r}} \tag{1-31}$$

$$\langle\vec{q}'\mid V(\vec{r})\mid\vec{q}\rangle=\sum_{\vec{K}h}V(\vec{K}h)\int_\Omega d\vec{r}e^{-i(\vec{q}'-\vec{q}-\vec{K}h)\cdot\vec{r}}=\sum_{\vec{K}h}V(\vec{K}h)\delta_{\vec{q}',\vec{q},\vec{K}h} \tag{1-32}$$

当 $\vec{q}'=\vec{q}$，即 $\vec{K}h=0$ 时，$V(0)$ 代表了势能的平均值，这是一个常数，即

$$V(\vec{K}h)=\frac{1}{\Omega}\int_\Omega d\vec{r}V(\vec{r})e^{-i\vec{K}h\cdot\vec{r}}d\vec{r} \tag{1-33}$$

$$V(0)=\frac{1}{\Omega}\int_\Omega d\vec{r}V(\vec{r})=\bar{V} \tag{1-34}$$

假设 $\bar{V}=0$，重新定义波矢：$\vec{q}=\vec{K}+\vec{K}_m$、$\vec{q}'=\vec{K}+\vec{K}_{m'}$，显然 $\vec{K}h=\vec{K}_{m'}-\vec{K}_m$。在此定义下，动量矩阵元和势能矩阵元分别写成

$$\langle\vec{q}'\mid-\frac{\hbar^2}{2m_e}\nabla^2\mid\vec{q}\rangle=\frac{\hbar^2}{2m_e}\mid\vec{K}+\vec{K}_m\mid^2\delta_{m',m} \tag{1-35}$$

$$\langle\vec{q}'\mid V(\vec{r})\vec{q}\rangle=V(\vec{K}_{m'}-\vec{K}_m) \tag{1-36}$$

整个哈密顿阵元为

$$H_{m',m}(\vec{K})=\frac{\hbar^2}{2m_e}|\vec{K}+\vec{K}_m|^2\delta_{m',m}+V(\vec{K}_{m'}-\vec{K}_m) \tag{1-37}$$

最后得到本征方程，即

$$\sum_m H_{m',m}(\vec{K})c_{i,m}=E_i c_{i,m'} \tag{1-38}$$

$$\frac{\hbar^2}{2m_e}|\vec{K}+\vec{K}_{m'}|^2 c_{i,m'}+\sum_m V(\vec{K}_{m'}-\vec{K}_m)c_{i,m}=E_i c_{i,m'} \tag{1-39}$$

这是一个关于 $c_{i,m}$ 的线性方程组，通过求解其系数行列式，即可求出能量本征值。

整个哈密顿矩阵的具体形式为

$$\boldsymbol{H}=\begin{pmatrix} \frac{\hbar^2}{2m}|\vec{K}+\vec{K}_1|^2 & V(\vec{K}_1-\vec{K}_2) & V(\vec{K}_1-\vec{K}_3) & \cdots \\ V(\vec{K}_2-\vec{K}_1) & \frac{\hbar^2}{2m}|\vec{K}+\vec{K}_2|^2 & V(\vec{K}_2-\vec{K}_3) & \cdots \\ V(\vec{K}_3-\vec{K}_1) & V(\vec{K}_3-\vec{K}_2) & \frac{\hbar^2}{2m}|\vec{K}+\vec{K}_3|^2 & \cdots \\ \vdots & \vdots & \vdots & \ddots \end{pmatrix} \tag{1-40}$$

通过求解系数行列式便可求出能量本征值，即

$$\det\begin{vmatrix} \frac{\hbar^2}{2m}|\vec{K}+\vec{K}_1|^2-E & V(\vec{K}_1-\vec{K}_2) & V(\vec{K}_1-\vec{K}_3) & \cdots \\ V(\vec{K}_2-\vec{K}_1) & \frac{\hbar^2}{2m}|\vec{K}+\vec{K}_2|^2-E & V(\vec{K}_2-\vec{K}_3) & \cdots \\ V(\vec{K}_3-\vec{K}_1) & V(\vec{K}_3-\vec{K}_2) & \frac{\hbar^2}{2m}|\vec{K}+\vec{K}_3|^2-E & \cdots \\ \vdots & \vdots & \vdots & \ddots \end{vmatrix}=0 \tag{1-41}$$

如果考虑到具体的科恩-沈哈密顿量，则势能部分会包括很多项，因此需要针对每一项分别在平面波下做傅里叶展开，得到每一项对应的 $V(\vec{K})$ 的解析表达式。

原则上只有多个平面波才能构成一套完备的基组，也就是说上述哈密顿矩阵的维度是无穷大的，但该情况下显然不可能求解。实际计算中只能取有限多个平面波，如 N 个。此时哈密顿矩阵是一个 $N\times N$ 的矩阵，求解可得到 N 个能量本征值。同时上述方程针对的是一个波矢 $\vec{K}$，对于不同的 $\vec{K}$ 点，会得到类似的本征方程，即每个 $\vec{K}$ 点都会有 N 个本征值。通过改变 $\vec{K}$ 点，就可以获得材料的电子结构 $E_n(\vec{K})$。

在实际计算过程中，如果平面波个数 N 太小，计算精度不够；取得太大会大大增加计算量，浪费计算资源。在实际程序中，并不直接指定 N 来展开函数，而是通过平面波截断能 E_{cut} 来控制平面波个数。在平面波展开公式中，能量小于 E_{cut} 的平面波都会被采用，更高能量的平面波会被丢弃，即

$$\frac{\hbar^2}{2m_e}|\vec{K}+\vec{K}_m|^2<E_{cut} \tag{1-42}$$

在平面波基组的计算中必须指定截断能，即在倒易空间中存在一个最大的 K_{cut}（对应的能量为 E_{cut}），变换到实空间，则对应波函数存在一个最小的波长 $\lambda_m=2\pi/K_{cut}$，也就是说用

平面波展开的晶体波函数的波长不可能小于 λ_m。如果实际材料的波函数的波长比 λ_m 更短，则不可能用截断能为 E_{cut} 的平面波去展开。事实上在靠近原子核附近，由于库仑势是按照 $-1/r$ 发散的，所以在原子核附近波函数的能量非常高（即波长很短）。

因此直接使用平面波展开实际材料的真实波函数是不可行的。解决办法通常有两种：第一种方法是构造一个赝势替代真实的 $-1/r$ 形式的势能，保证赝势在原子核附近不发散，从而使晶体波函数变得比较平滑（称为赝势波函数），在此基础上再用平面波展开，大大减少平面波的个数，这就是许多密度泛函程序中使用的赝势平面波方法；第二种方法是改造平面波，如使用混合基组等。

2. 赝势

学者最初采用全电子势描述电子-原子核相互作用，如全势能线性缀加平面波方法（Full-Potential Lineraized Augmented Plane Wave，FLAPW）、Exact Muffin-Tin Orbitals（EMTO）方法。在靠近原子核附近，波函数会高速振荡，想要对其准确描述需要大量的基组，计算相当费时，且真正对材料的物理化学性质起到关键作用的是活跃的外层价电子。故后来的学者提出了可以用离子实和价电子间较为平滑的赝势来近似表达波函数，从而实现进一步精简基组，简化了科恩-沈方程求解过程。当前使用较多的赝势包括模守恒赝势（Norm-Conserving Pseudo Potential，NCPP）、超软赝势（Ultrsoft Pseudopotential，USPP）、投影缀加平面波赝势（Projector Augmented Wave，PAW）等。

3. 交换关联势

基于密度泛函理论的科恩-沈方程，核心思想是把多粒子的相互作用归结到交换关联能 E_{XC} 这一项中。交换能的概念在哈特里-福克方程中已有明确的表达式，但是积分复杂、计算量大。关联能的形式是未知的，对于比较均匀的电子气，维格纳已经尝试写出关联能关于电子密度的函数形式，但并没有类似交换关联能那样更加准确的形式。因此，实际上通常只考虑交换能和关联能两者相加，此时自由电子气仍然是一个合理的出发点。

局域密度近似（LDA）是最早提出用来处理交换关联势的一种方法，认为交换关联项只与局域的电荷密度有关，虽然简单但对于大部分材料都可以得到合理的结果。局域密度近似假设非均匀电子气的电子密度改变是缓慢的，在任何一个小体积元内可以近似看作均匀的无相互作用的电子气，所以交换关联能表示为

$$E_{XC}^{LDA} = \int \rho(\vec{r})\varepsilon_{xc}[\rho(\vec{r})]\mathrm{d}\vec{r} \tag{1-43}$$

式中，$\varepsilon_{xc}[\rho(\vec{r})]$ 是密度为 ρ 的均匀电子气的交换关联能密度，相应的交换关联势为

$$V_{XC}^{LDA}[\rho(\vec{r})] = \frac{\delta E_{XC}^{LDA}}{\delta\rho} = \varepsilon_{xc}[\rho(\vec{r})] + \rho(\vec{r})\frac{\delta\varepsilon_{xc}[\rho(\vec{r})]}{\delta\rho} \tag{1-44}$$

如果知道 $\varepsilon_{xc}[\rho(\vec{r})]$ 的具体形式，就可以得到交换关联能和交换关联势。目前最常用的是 Ceperley 和 Alder 等基于量子蒙特卡洛方法，通过精确的数值计算拟合得到的形式。

LDA 认为电子密度改变缓慢，在典型金属中确实这样。很多实际系统中（具有共价键的半导体材料）都可以得到合理的结果，但是通常会高估结合能以及低估键长和晶格常数。对于绝缘体或者半导体，总是严重低估它们的能隙（可达到 50%左右）。

如果考虑到电荷分布的不均匀性，特别在一些局域电子的系统中，需要引入电荷密度梯

度（即不均匀程度），即广义梯度近似（GGA），即

$$E_{XC}^{GGA}=\int\rho(\vec{r})\varepsilon_{xc}(\rho(\vec{r}),|\nabla\rho(\vec{r})|)d\vec{r} \tag{1-45}$$

GGA构造形式更为多样，主要包括PW91和PBE等。GGA在有的方面比LDA有所改善但并不绝对，通常会高估晶格常数，而且同样也有严重低估能隙的问题。在GGA基础上发展起来的meta-GGA包含密度的高阶梯度，如PKZB泛函就在GGA-PBE基础上包含占据轨道的动能密度信息，而TPSS则是在PKZB泛函基础上提出一种不依赖于经验参数的meta-GGA泛函。

除LDA、GGA外，还有一类称为杂化泛函的交换关联势，采用杂化的方法，将哈特里-福克形式的交换泛函包含到密度泛函的交换关联项中，即

$$E_{XC}=c_1E_X^{HF}+c_2E_{XC}^{DFT} \tag{1-46}$$

其中前一项就是哈特里-福克形式的交换作用，后一项代表LDA或GGA的交换泛函。例如，PBE0杂化泛函包括25%的严格交换能、75%的PBE交换能和全部的PBE关联能，其形式为

$$E_{XC}^{PBE0}=0.25E_X+0.75E_X^{PBE}+E_C^{PBE} \tag{1-47}$$

一般杂化泛函比常规交换势能在能量、能隙计算方面有更好的结果，但是计算量非常大。在对一些能隙大小敏感的物理量的计算中，最好使用杂化泛函计算来验证计算结果。

以上就是第一性计算中所涉及的量子力学基本方程，其中最重要的就是科恩-沈方程，通过一系列的假设，将多电子体系薛定谔方程逐渐简化成可解形式，通过求解方程得到电子等微粒的状态，从而计算材料的各种性质。

1.2　高通量计算

高通量计算是一种快速、高效的计算方法，已经成为材料科学、化学、生物学等领域的重要工具。传统的材料研究和开发通常依赖于实验室实验和试错方法，这种方法需要耗费大量的时间、资源和人力，并且面临实验条件限制、材料合成困难等挑战。如今，高通量计算在研究和设计新材料、预测材料性质、探索化学反应机制等方面展现出巨大的潜力。

高通量计算基于数值计算和模拟方法，利用计算机来模拟和预测材料的结构、性质和行为。它可以在相对较短的时间内对大量材料进行计算预测，并提供有关材料性质、相互作用和动力学行为的重要信息。通过高通量计算可以对材料进行全面探索，加速新材料的发现和优化，以及深入理解材料的微观机制。高通量计算的应用范围非常广泛。在材料科学领域，它可以用于预测材料的力学性能、热学性质、电子结构等重要性质，为材料设计和优化提供有力支持。

然而，高通量计算也面临着一些挑战。例如，计算模型的准确性和可靠性、计算资源的需求、数据处理和分析的复杂性等方面都需要进一步的研究和发展。尽管存在挑战，高通量计算在材料科学和相关领域的应用前景仍然广阔。随着计算机性能的不断提升和算法的不断改进，高通量计算将在未来发挥越来越重要的作用，将推动材料研究和创新，加速新材料的发现和应用。

1.2.1 电子结构计算

材料电子结构计算是一种基于量子力学原理的计算方法，用于研究材料中电子的行为和性质。通过计算材料的电子结构，可以预测材料的能带结构、电子态密度、电子轨道分布等信息，从而理解材料的导电性、光学性质、磁性等特征。

材料电子结构的计算方法可以分为两类：半经验计算方法和第一性原理计算方法。半经验计算方法通过归纳总结实验和数据，拟合出适用于其他体系的计算参数。而第一性原理计算方法则不依赖于实验、经验或半经验参数，只需提供原子及其位置信息。该方法通过求解体系的薛定谔方程来获得材料的宏观性质。从理论上讲，任何材料的结构和性能都可以通过求解对应的薛定谔方程得到，因此第一性原理计算在材料计算与模拟领域具有重要意义。

第一性原理计算经历了 50 多年的发展。最初出现的是电子结构理论计算方法，如哈特里-福克（Hartree-Fock）方法。而后出现的密度泛函理论则使用电荷密度代替电子波函数作为研究的基本变量。相比于多电子波函数的 $3N$ 个变量（N 为总电子数，每个电子有三个空间变量），电荷密度只是一个三个变量的函数。因此，密度泛函理论在实际应用上比传统的哈特里-福克方法更方便处理。密度泛函理论假设电子的波函数和能量可以通过材料的电子密度来确定，将材料的多体问题转化为求解电子密度的问题。常见的 DFT 方法包括局域密度近似（Local Density Approximation，LDA）和广义梯度近似（Generalized Gradient Approximation，GGA）等。

材料电子结构计算的基本步骤包括：

1）选择合适的计算信息：确定计算所需的材料结构信息，包括晶体结构、原子坐标、晶格参数等。

2）建立计算模型：根据所选的计算方法和理论，建立材料的电子结构模型，包括选择适当的基组、波函数展开方式等。

3）进行计算：通过求解科恩-沈方程（Kohn-Sham Equations）或者其他等效的方程，计算材料的电子能级、电子态密度等信息。

4）分析计算结果：根据计算得到的电子结构信息，分析材料的能带结构、能带间隙、电子态密度等特征，进一步理解材料的性质。

在实际的材料电子结构计算中，为了提高计算效率和准确性，常常使用一些近似和技术，如平面波基组方法、赝势方法、尺度扩展方法等。电子结构计算是材料科学和计算化学领域的重要研究工具，它可以用来预测和解释材料的电子结构、能带结构、能级分布等关键性质。随着计算机技术的不断发展和算法的不断改进，电子结构计算在材料设计、催化研究、能源存储、光电器件等领域发挥着越来越重要的作用。从以下几个方面对电子结构计算进行展望。

（1）提高计算效率　随着计算机性能的不断提高，电子结构计算的速度将进一步加快，计算规模将进一步扩大。

（2）多尺度模拟　电子结构计算通常基于第一原理方法，可以准确地描述材料的电子结构和性质。未来的发展将更加注重多尺度模拟，将第一原理计算与经验模型和连续介质模型相结合，以便更好地模拟复杂材料和大尺度系统。

(3) 异质材料界面和界面效应研究　材料界面在许多应用中起着关键作用，如光电器件、催化剂等。电子结构计算可以提供对界面的详细描述和理解，以便优化材料性能和界面反应。

(4) 数据驱动的材料设计　随着高通量计算和材料数据库的发展，数据驱动的材料设计将成为一个重要的趋势。通过大规模的电子结构计算和机器学习方法，可以建立材料性质与结构之间的关联，加速新材料的发现和设计。

(5) 量子计算的应用　量子计算是一种新兴的计算技术，具有处理复杂问题和模拟量子系统的潜力。在电子结构计算领域，量子计算可以用于解决目前传统计算方法无法处理的问题，如模拟大分子体系和材料的量子效应。

综上所述，电子结构计算在材料科学和计算化学领域的应用前景广阔。随着计算机技术的不断进步和算法的不断发展，电子结构计算将继续发挥重要作用，推动新材料的发现和设计，加速材料科学的进展，并为解决能源、环境和医疗等重大挑战提供重要的支持和解决方案。

1.2.2 原子尺度计算

1. 原子尺度模拟概述

原子尺度模拟是一种通过计算方法研究和模拟物质行为的技术。它基于原子和分子水平上的相互作用力和运动规律，模拟和预测材料的性质和行为。原子尺度模拟可以提供详细的原子结构、动力学行为和物理化学性质，对于理解材料的微观机制、设计新材料以及解决实验无法观测到的现象非常有用。

原子尺度材料设计与模拟通常基于分子动力学模拟、量子力学计算和统计学方法等。下面是一些常用的方法和技术。

(1) 分子动力学模拟　通过求解牛顿运动方程模拟材料中原子的运动和相互作用。MD方法可以模拟材料的结构演化、热力学性质、动态行为等。

(2) 密度泛函理论　基于量子力学原理，通过求解科恩-沈方程计算材料的电子结构和能量。DFT方法可以预测材料的能带结构、电子态密度、光学性质等。

(3) 第一性原理计算　基于量子力学原理，从头计算材料的性质，不依赖于经验参数。通过求解薛定谔方程或科恩-沈方程，可以计算材料的能带结构、晶体结构、力学性质等。

(4) 统计学方法　使用统计学方法，如蒙特卡罗模拟、机器学习和人工智能等，对材料进行建模和预测。这些方法可以通过学习和分析大量的实验和计算数据，发现材料的结构-性能关系，加速材料设计和优化过程。

原子尺度模拟可以用于研究多种材料系统，包括晶体、无定形材料、纳米颗粒、蛋白质和生物分子等。通过模拟原子的运动和相互作用，可以获得材料的结构、热力学性质、动力学行为以及电子结构等信息。

原子尺度模拟的优势在于它能够提供原子级别的细节和动态信息，揭示材料的微观机制和行为。它可以帮助研究人员理解材料的相变、力学性能、热传导、电子运输等过程，并指导材料的设计和性能优化。此外，原子尺度模拟还可以与实验相结合，通过对比模拟结果和实验数据，验证理论模型的准确性，解释实验现象，为实验设计提供指导。

然而，原子尺度模拟也存在一些挑战和限制。由于计算资源和算法的限制，原子尺度模拟通常只能模拟较小的系统和较短的时间尺度。此外，模拟结果的准确性也受到模型的选择、力场参数的精确性和计算误差的影响。因此，原子尺度模拟通常需要与实验数据和其他模拟方法相结合，以获得更全面和可靠的材料行为描述。

2. 原子尺度材料设计的方法与精度

原子尺度材料设计最常用的方法是密度泛函理论。它通过求解第1节介绍的科恩-沈方程来实现。在科恩-沈框架中，多体问题被简化为一个没有相互作用的电子在有效势场中运动的问题。该有效势场包括外部势场和电子间库仑相互作用的影响，即交换和关联相互作用。

密度泛函理论的近似求解方法经历了从局域密度近似（LDA）到广义梯度近似（GGA）、meta-GGA、hyper-GGA 以及随机相近似（generalized RPA）的过程。新发展的交换关联泛函和第一原理计算方法能够克服原有方法的缺陷和不足，并且具有更高的计算精度。因此，通过不断修正交换关联泛函或改进计算方法，可以不断提高材料模拟和计算的精度。这形成了一个可以达到理想计算精度的“天堂”，被称为“雅可比阶梯”（图 1-1）。

3. 原子尺度材料设计的发展趋势

随着时间的推移，密度泛函理论经历了显著的发展。普遍规律表明，追求更高计算精度的算法往往伴随着对计算资源的更大需求。在寻求理想化的高精度解决方案的过程中，所需的计算能力呈现出指数级的增长。尽管如此，当前基于第一性原理的电子结构模拟在处理小规模体系或具有周期性边界条件的系统方面已取得了一定进展，但对于包含大量原子的复杂体系，这类计算仍然面临重大挑战。

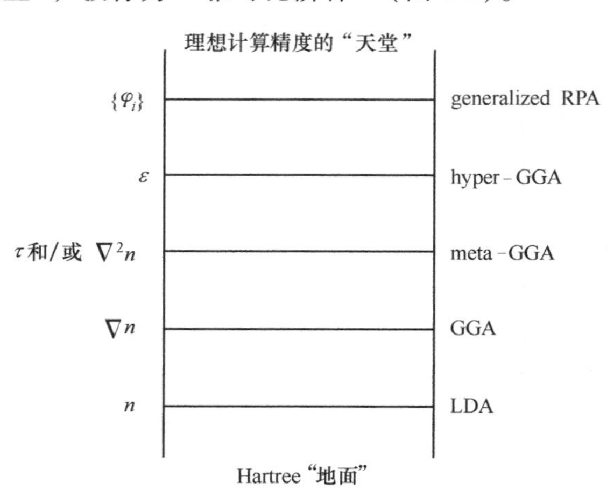

图 1-1 密度泛函理论的“雅可比阶梯”

正如上节所提到的，密度泛函理论作为一种强大的工具，其准确度的提升往往以消耗更多的计算资源为代价。在探索理论精度的极限时，所需的计算资源量急剧增加，形成了一种类似于“雅可比阶梯”（Jacob's Ladder）的概念，其中“天堂”象征着理论上的完美精度。然而，实际上，对于包含众多原子的大体系进行第一性原理模拟，目前仍然是一个难以克服的难题，这限制了其在更广泛系统中的应用。为了克服这些限制，研究人员正在探索新的算法和计算策略，以期在不牺牲计算精度的前提下减少资源消耗。这包括改进现有的近似函数、开发更高效的数值方法、利用并行计算架构以及采用机器学习技术来辅助预测和优化计算流程。通过这些创新方法，可以期待在未来对更大更复杂的体系进行精确的第一性原理模拟成为可能。

原子尺度材料设计是一个不断发展和演进的领域，目前存在以下主要发展趋势。

1）多尺度模拟方法在原子尺度材料设计中变得越来越重要，可以将原子尺度的模拟与宏观尺度的实验和观测结果进行关联，能更全面理解材料行为。

2）机器学习和人工智能技术的发展为原子尺度材料设计带来新机遇，通过利用大数据和智能算法，可以加速材料搜索、优化和预测过程，提高设计速度和效率。

3）计算技术可以自动地对大量材料进行计算和筛选，加快材料发现和优化的过程，并发现以往难以预测的材料。

4）量子计算技术的进步可能在原子尺度材料设计中发挥重要作用，提供更精确和准确的计算结果。

5）材料设计成为一个重要的研究方向，通过结合不同的材料组分和结构，设计出具有多种功能和性能的材料，满足不同领域的应用需求。

6）发展环境友好性材料在原子尺度材料设计中越来越受关注，研究人员致力于设计和开发具有低能耗、高效率和可再生性的材料，以减少对环境的影响并推动可持续发展。这些趋势的发展将进一步推动原子尺度材料设计的创新和应用，并为解决关键科学和工程问题提供新的解决方案。

在未来的研究展望中，我们有理由相信计算模拟技术将与实验观测达到高度一致性，为材料科学研究提供精确的指导。随着计算模型的不断优化和实验技术的同步发展，模拟结果的准确性将得到显著提升，进而在新材料的探索和开发过程中发挥关键作用。通过设定具体的性能指标，研究者将能够在庞大的材料数据库中进行高效筛选和匹配，识别出符合特定应用需求的候选材料。进一步地，利用高级计算模拟技术，如第一性原理计算、分子动力学模拟和机器学习算法，可以对这些候选材料的性能进行深入分析，预测其在实际应用中的潜力，并优化其合成路径。这种方法不仅能够显著提高材料选择的针对性和效率，还能够在材料开发过程中实现对实验设计的精确指导。通过计算模拟与实验验证的紧密协作，可以快速迭代优化材料的性能，实现从理论设计到实验合成再到应用实现的快速转化。

此外，随着计算能力的增强和算法的创新，预计计算模拟将在材料的多尺度行为研究中扮演更加重要的角色。从原子尺度的电子结构到宏观尺度的材料性能，计算模拟能够提供连续一致的描述，能深入理解材料的复杂行为。最终，这种计算驱动的材料设计形式将极大地加速新材料从概念到实际应用的进程，缩短研发周期，降低研发成本，推动材料科学领域的创新和发展。这不仅将为科学研究带来革命性的变化，也将为工业应用和技术创新提供强大的动力。

1.3　材料数据库与大数据技术

材料是科技发展的基础，随着全球工业革命的推进，加速材料研发成为各国追求的目标。如何通过低成本、高可靠性的预测方法指导实验以快速获得定制性能的新材料是关键问题。随着“大数据”时代的到来，材料信息学迅速发展，机器学习成为材料设计与开发的有力工具。机器学习技术已经广泛应用于材料研究。机器学习可以处理大量材料数据，通过预测材料的性质和性能来加速新材料的发现和设计，如使用机器学习模型预测材料的晶体结构、热力学性质、力学性能，可以直接筛选出有潜力的新材料；使用深度学习对显微图像进行分析，能够自动识别和分类材料的微观结构，这在金属材料、复合材料和纳米材料的研究中尤为重要；机器学习也可以分析实际加工过程中的大量工艺参数，从而优化生产工艺，提高产品质量和生产率。

机器学习已被证明可以加速材料研发过程。在“大数据”时代，数据资源受到重视，甚至“失败”的数据也可用于训练机器学习模型以预测成功条件。机器学习不仅能预测材料性能，还能借助挖掘的边界条件推进对相关机理的认识。例如，Stanev 等通过机器学习研究超导体系中预测因子的作用，揭示了不同体系驱动超导性的物理机制。

然而，机器学习的有效性仍然依赖于大量高质量数据。建立准确的机器学习模型需要“海量”数据，因此数据库建设成为材料信息学的重要组成部分。2011 年，美国提出材料基因组计划，将材料数据库作为三大基础平台之一，推动了数据库的快速发展。本节将介绍国内外知名的材料数据库及其使用情况，分析数据库如何帮助机器学习在材料科学研究中应用，并讨论数据库建设和应用面临的困难及发展趋势。

1.3.1 材料数据库概述

大数据的主要特征和挑战不仅在于数据量大，还包括数据来源多样、类型不同、存在未知依赖关系和不一致性、生成速度快、隐私问题等。这些特征包括容量、速度、多样性、可变性、准确性、价值和可视化。其中，容量、速度和多样性是大数据特有的特征，其他特征则适用于所有数据。

在材料科学中，直到最近，主要的问题是数据匮乏而非数据过多。然而，材料基因工程项目和其他类似项目的推动，提高了材料科学中数字数据的可用性和可及性。这些项目致力于将实验和模拟数据整合到可搜索的材料数据基础设施中，并鼓励研究人员共享数据。材料科学数据的复杂性和多样性要求新的大数据方法。例如，材料科学中的数据类型包括物理、化学、电子、热力学、机械、结构性质、工程处理、图像、时空和非结构化文本数据等，且这些数据类型通常相互关联。

材料基因组工程的成功依赖于数据共享与计算工具的开发。数据库作为材料基因组工程的重要组成部分，得到了研究者的重视。目前，国外著名的材料信息数据库包括加州大学伯克利分校和麻省理工学院联合组建的 Materials Project、杜克大学的 AFLOW 和美国西北大学的 OQMD 等。在我国，科技部与工业和信息化部大力支持的中国材料基因工程专用数据库也在快速建设中，并在机器学习应用领域取得了初步成果。

1. 国外材料数据库建设情况

到 2023 年，相比于国内，国外材料数据库建设呈现出更多样化和高水平的发展，涵盖了从基础材料数据到应用导向的各种类型。以下是一些代表性的数据库及其建设情况。

（1）Materials Project（MP） MP 是由美国劳伦斯伯克利国家实验室和麻省理工学院等单位在 2011 年材料基因组计划提出后联合开发的开放性数据库。它存储了数十万条包括能带结构、弹性张量和压电张量等性能的第一性原理计算数据，涵盖无机化合物、纳米孔隙材料、嵌入型电极材料和转化型电极材料。数据准确性高，提供如 Materials Explorer、Battery Explorer 和 Structure Predictor 等应用程序，可在线预测未知材料的性能，减少实验量，加快材料开发速度。

（2）AFLOW　AFLOW 是由杜克大学在 2011 年开发的开放数据库，存储了大量第一性原理计算数据，涉及无机化合物、二元合金和多元合金等，数据量超过 557000000 条，涵盖 3000000 种材料。AFLOW 基于密度泛函理论（DFT）的高通量计算，拥有良好的计算性能。AFLOW 提供了 12 种应用程序，如 AFLOWπ、AFLOW-ML 和 PAOFLOW，帮助用户筛选材料结构和性能。AFLOW-ML简化了机器学习方法，并提供开放的RESTful API以支持各种工作流的正常运行。

（3）Open Quantum Materials Database（OQMD）　OQMD是由美国西北大学Chris Wolverton团队于2013年建立的基于DFT计算的数据库，涵盖630000多种材料的热力学性质和结构。OQMD开放程度高，提供API接口，用户可以按需搜索材料的晶体结构、能带和能量等性质，训练机器学习模型，并预测热力学稳定相。OQMD的准确性得到了用户的肯定，如Scott Kirklin等人通过实验对比发现OQMD可以准确预测大多数元素的晶体结构与形成能。

其他著名的材料信息数据库包括：日本国立材料科学研究所开发的Mat Navi数据库，涵盖金属材料、复合材料、超导材料、聚合物和高温合金等，并包括工程数据库（如CCT曲线数据库）；欧洲卓越中心开发的NOMAD数据库，包含来自全球研究人员和实验室的数据，支持对比计算结果，促进材料结构性能的研究；PAULING FILE数据库，由日本科学技术公司（JST）与瑞典物相数据系统（MPDS）合作创立，应用于无机材料设计与开发，支持材料数据挖掘；Material Connexion数据库，提供碳基、水泥基、陶瓷、玻璃、金属和高分子材料等数据，并提供咨询服务和线下材料图书馆；Materials Web，由美国佛罗里达大学Hennig课题组创建，存储二维材料电子结构数据，支持VASP工作流和材料结构特征表征；Matdat，包含材料性能数据，以及实验室、供货商和制造商名录，并即将开放研究数据储存平台。

2. 国内材料数据库建设情况

我国在材料数据库建设方面起步较晚，但近年来取得了显著进展。1987年，中国科学院启动科学数据资源建设。2019年，中国科学院数据云门户网站全面改版并投入运行，包含1144个数据集，访问人数超过16000万，下载量达2000 TB。其中，材料学科领域基础科学数据库是国内最全面的材料科学数据库之一，涵盖金属材料、无机非金属材料、闪烁材料、碳化硅材料、纳米材料和有机高分子材料等子数据库，数据总量超过70000条。

2001年，我国启动了科学数据共享工程。国家科技部“十一五”基础条件平台项目中的国家材料科学数据共享网是其中的重要项目之一，整合了全国30余家科研单位的数据资源，包含3000种钢铁材料及110000条高质量数据，分为12个大类，提供了材料研究领域的数据共享服务。

2016年，北京科技大学牵头建立了材料基因工程专用数据库，这是一个基于材料基因工程思想和理念建设的数据库与应用软件一体化平台。目前，该平台包含催化材料、铁性材料、特种合金、生物医用材料以及材料热力学和动力学等各类材料数据，总量超过760000条，累计查看量超过20000次。该平台支持第一性原理计算和数据挖掘，提供自动处理和数据汇交功能，并包含论文信息辅助提取软件和在线数据挖掘系统。

此外，我国还建立了许多专项数据库，如国家纳米科学中心的纳米研究专业数据库、北京科技大学的国家材料环境腐蚀科学数据中心、中国科学院化学研究所的高分子材料科学数据资源节点等。这些数据库在特定研究领域具有很强的针对性，尽管使用范围相对较小，但在各自领域中发挥了重要作用。

3. 发展中的高通量计算软件

对于材料数据库来说，通过第一性原理等高性能、高通量的材料计算进行材料理论数据获取，并结合实验数据和经验数据，再利用信息化技术对大规模、多源异构的材料数据进行处理分析，由此才能对材料数据库所存储的数据进行充分挖掘和利用。目前，常用的高通量计算框架（包括 Materials Project 和 AFLOW 等）都具有较高的入门门槛。因此，高通量计算软件的发展也变得刻不容缓。

上海鞍面智能科技有限公司的 LASP 软件利用最新的高效神经网络势能面方法来进行势能面模拟计算，解决了诸如晶体结构预测、相变动力学、反应路径预测等许多复杂的反应路径及材料体系中的问题。高岩涛等人基于第一性原理，利用平面波基组、赝势方法进行电子结构计算、分子动力学模拟，研发了 GPU 加速计算平台 PWMat，其比相同的 CPU 软件（如 PEtot）的计算速度要快 20 倍左右，能够在平台上实现 4000 电子以上体系的模拟计算。中国科学院计算机网络信息中心的杨小渝等人研发了高通量材料计算平台 MatCloud 以及高通量材料计算数据库 MatCloudLib，具有晶体结构建模、图形化界面的流程设计、性质预测、结果分析、数据提取与查询，以及计算资源的集成等特色，并且可以完成对计算结果的可视化分析及展示。王宗国等人以 Fe-Al 和 Al-Ti 体系为例，采用 MatCloud 的特色工作流技术，快速筛选出了掺杂的稳定结构，相较于遍历筛选，计算量分别减少了 66% 和 84%。而由北京航空航天大学的孙志梅等人开发的计算平台 ALKEMIE，同样包含计算平台 MATTER STUDIO（MS）以及数据库 DATA VAULT（DV）两个部分，并且可以自动进行建模、运行以及数据分析。其中 MS 计算平台集成了第一性原理、热力学、经典分子动力学及动态蒙特卡洛模拟等计算引擎，DV 数据库当中的材料结构数据超过了 180000 条，计算完成的材料性能数据超过 10000 条。

主要材料数据库见表 1-1。

表 1-1　主要材料数据库

数据库	材料类型	特点
Materials Project	包括锂电池、无机化合物等材料	数据具有较高的准确性
AFLOW	主要为金属材料	数据库规模大
OQMD	主要为钙铁矿材料	用户可以下载
ICSD	自 1913 年以来已知的无机晶体结构	世界最大的无机晶体结构数据库
NIST	几乎涵盖所有材料体系	由百余个子库构成，具有严格评估标准
MatNavi	包括聚合物、陶瓷、合金、超导材料等材料	综合性数据库
PAULING FILE	主要为非有机固态材料	包括相图、晶体学数据、衍射模式和物理特性
NOMAD	几乎涵盖所有材料体系	可暂存研究人员的代码和数据，用户可以对比世界各地研究人员的计算结果，从而可以更好地研究材料的结构性能
Material Connexion	包含碳基材料、水泥基材料、陶瓷材料、玻璃材料、金属材料、天然材料、高分子材料、材料工艺等	将材料学家与设计师直接联系起来的创新材料咨询服务机构
Materials Web	包括二维材料和层状体材料	在线存储二维材料电子结构为主的数据库

1.3.2　材料大数据技术

材料科学中的关键问题几乎都涉及加工-结构-性能-服役（Process-Structure-Property-

Performance，PSPP）关系，这些关系尚未被充分理解。图 1-2 所示为 PSPP 关系，其中因果的科学关系从左到右流动，目标和方法的工程关系从右到左流动。值得注意的是，从左到右的关系是多对一的，而从右到左的关系是一对多的。这意味着多种加工方法可能会产生相同的材料结构，而同一材料属性可能通过多种结构实现。每个实验观察或模拟可以看作正向模型的一个数据点（如给定处理、组成和结构参数的一个特性的测量或计算）。这些数据点可用于材料信息学方法（如预测分析），构建数据驱动的前向模型。这些模型运行所需时间远少于实验或模拟所需时间。前向模型的加速不仅能指导未来的模拟和实验，还能实现逆向模型，对于材料发现和设计至关重要。逆向模型通常被表述为优化问题，其中目标是最大化或最小化感兴趣的属性或性能指标，受材料表示的各种约束。优化过程通常涉及多次调用正向模型，因此一个快速的正向模型非常有价值。此外，由于逆向关系是一对多的，一个好的逆向模型应识别多个最优解，从而灵活选择材料结构，以最简单和经济的方式获得。

图 1-3 所示为材料信息学的典型端到端工作流。原材料数据以不同格式存储在异构材料数据库中。开发属性预测模型的第一步是理解数据格式和表示，并在建模前进行必要的预处理，确保数据质量，包括处理噪声、异常值、缺失值和重复数据实例。在通常情况下，如果实例和/或属性易于识别且有足够的数据，会删除这些数据，但如何最佳利用不完整数据仍是一个活跃的研究领域。数据预处理步骤包括离散化、采样、归一化、属性类型转换、特征提取和选择等。这些数据预处理可以是有监督的，也可以是无监督的，取决于过程是否依赖于目标属性（即预期材料的属性），因此通常被认为是工作流中的独立阶段。接下来将详细讨论这一过程中的大数据技术设计。

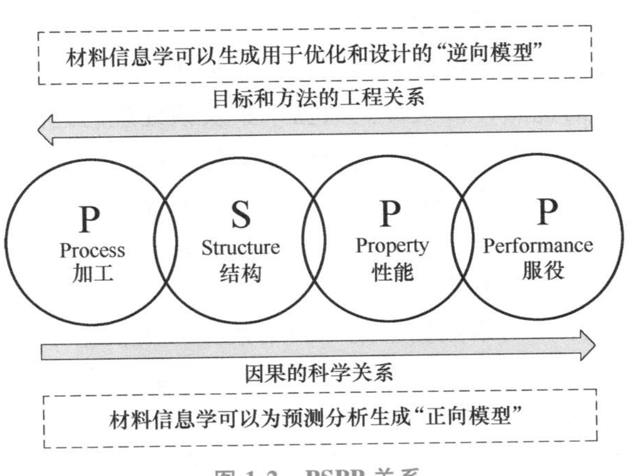

图 1-2　PSPP 关系

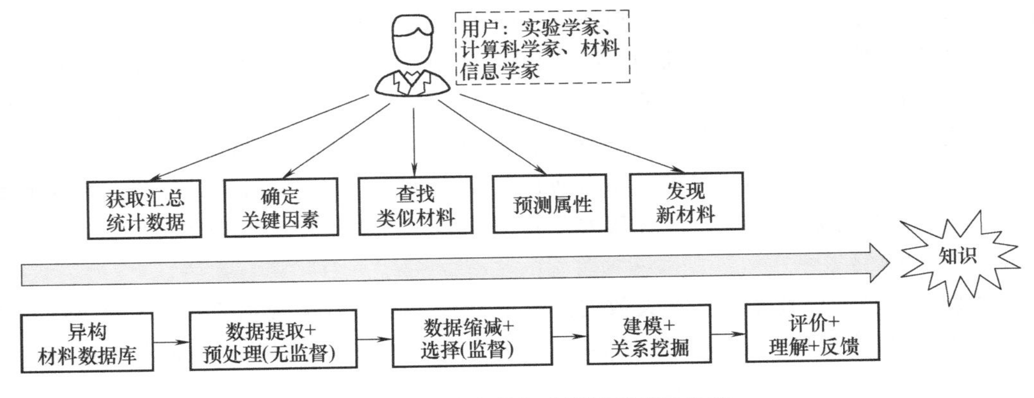

图 1-3　材料信息学的典型端到端工作流

1. 数据的采集

大数据采集是大数据生命周期的第一个环节。随着各类技术和应用的发展，数据来源多种多样，除了传统的关系型数据库外，还包括众多非结构化数据库以及互联网、物联网等。数据类型也是越发丰富，包括原有的结构化数据，更多的还是半结构化数据和非结构化数据。按照数据来源不同，大数据采集技术和方法也存在较大差异。下面将按照数据库数据采集、网络数据采集、物联网数据采集分类说明。

（1）数据库数据采集　数据库数据采集因数据库类型不同以及其中存储数据类型是结构化还是非结构化而有所不同。针对传统的关系型数据库，一般采用数据抽取、转换和加载（Extract-Transform-Load，ETL）工具、结构化查询语言（Structured Query Language，SQL）编码、ETL 工具与 SQL 编码结合三种方式。ETL 工具经过多年的发展，已经形成了相对成熟的产品体系，尤其是针对传统关系型数据库。借助 ETL 工具可以实现数据库数据的快速采集及预处理，屏蔽复杂的编码任务，可提高速度，降低难度，但是缺乏灵活性。通过 SQL 编码方式实现数据库数据采集，相对使用 ETL 工具更加灵活，可以提高数据采集及预处理的效率，但是编码复杂，对技术要求比较高。ETL 工具与 SQL 编码相结合可以综合前两种方法的优点，极大提高数据采集及预处理的速度和效率。针对非结构化数据库采集以及不同类型数据库之间的数据传递，采用 ETL 工具，可以实现主流非结构化数据库与传统关系型数据库之间的数据双向传递。相对来说，数据库数据价值密度高，主要是通过日志文件、系统接口函数等方式采集，采集技术规范，可用工具较多，面向不同类型数据库的统一采集技术将成为未来的重要发展趋势。

（2）网络数据采集　网络数据采集根据采集的数据类型又可以分为互联网内容数据采集和网络日志采集两类。互联网内容数据采集主要利用网络爬虫技术和网站公开的端口，通过分词系统、任务与索引系统，从网站获取内容数据。这种方式能将半结构化和非结构化数据从网页中提取，并以结构化方式存储为本地数据文件，支持图片、音频、视频等文件或附件的采集。网络爬虫是按照规则自动抓取互联网内容的程序，搜索引擎与网页持有者通过网络协议约定可爬取的信息。

常用开源日志采集系统包括 Scribe、Logstash 等，具有高可用性、高可靠性和分布式特点，可实现海量日志的实时动态采集、聚合和传输。Scribe 是 Facebook 的开源项目，具有可扩展性和高容错特点，可实现日志的分布式采集和统一处理。Logstash 部署简单，注重日志数据预处理，为后续解析做好铺垫。Fluentd 的扩展性好，应用广泛。

（3）物联网数据采集　无论是消费物联网、产业物联网，还是智慧城市物联网，可能涉及 RFID 电子标签、定位装置、红外感应装置、激光雷达以及多种传感器等装置，可以说物联网终端设备的作用就是采集物联网数据，可能涉及对声音、光照、热度、电流、压力、位置、生物特征等各类数据的采集。物联网数据涉及范围广阔，数据相对分散，数据类型差异巨大，数据采集方法和手段也存在较大差异。

2. 数据的存储

大数据存储与计算技术是整个大数据系统的基础。当前的大数据系统架构主要有两种：一种是 MPP 数据库架构；另一种是 Hadoop 体系的分层架构。这两种架构各有优势和相应的适用场景。另外，随着光纤网络通信技术的发展，大数据系统架构正在向存储与计算分离的架构和云化架构方向发展。

（1）大规模并行处理（Massively Parallel Processing，MPP）架构　MPP 架构将多个处理节点通过网络连接，每个节点独占资源（如内存、硬盘、IO），各节点间的 CPU 不能访问彼此的内存。该架构通过复杂的调度机制和并行处理，采用 Shared Nothing 架构，结合列存储和粗粒度索引等技术，实现高效的分布式计算。MPP 架构多用于低成本 PC Server，具备高性能和高扩展性，广泛应用于企业分析类应用，能有效支撑 PB 级别的结构化数据分析，是企业新一代数据仓库和结构化数据分析的理想选择。

（2）Hadoop　Hadoop 是 Apache 基金会开发的分布式系统基础架构，允许用户在不了解底层细节的情况下开发分布式程序，充分利用集群进行高速运算和存储，具有可靠、高效、可伸缩的特点。Hadoop 的核心是 HDFS（Hadoop 分布式文件系统）和 MapReduce（分布式计算框架）。作为数据存储管理的基础，HDFS 是高度容错系统，适用于低成本硬件，提供高吞吐量的数据访问功能，适合大型数据集应用，采用一次写入多次读取的机制，数据以块形式分布在集群的不同物理机器上。作为分布式计算模型，MapReduce 将计算抽象为 Map 和 Reduce 两部分，适合在分布式并行环境里进行大数据处理。Map 对数据集上的独立元素进行操作，生成键-值对中间结果，Reduce 对中间结果中的相同键进行归约，得到最终结果。围绕 Hadoop 衍生出多种大数据技术，适用于处理非结构化数据、复杂 ETL 流程和数据挖掘等。Hadoop 平台利用其开源优势，广泛应用于互联网大数据存储和分析，成为主流分布式架构系统，很多企业的大数据平台都基于 Hadoop 搭建。

3. 数据预处理

大数据分析与挖掘需要的数据往往是通过多个渠道采集的多种类型的数据，通过上述大数据采集技术采集到的数据往往存在数据冗余、数据缺值、数据冲突等数据质量问题，需要通过大数据预处理技术提高数据质量，使数据更符合分析与挖掘需要，以保证大数据分析的正确性和有效性，获得高质量的分析与挖掘结果。大数据预处理技术包括对采集到的原始数据进行清洗、填补、平滑、合并、规格化以及一致性检查等操作，将杂乱无章的原始数据转化为相对单一且便于处理的结构类型，为后期的大数据分析与挖掘奠定基础。大数据预处理主要包括数据清理、数据集成、数据变换以及数据归约四大部分。

（1）数据清理　数据清理主要是通过检测数据中存在的冗余、错误、不一致等问题，利用各种清洗技术去除噪声数据，形成一致性数据集合，包括清除重复数据、填充缺失数据、消除噪声数据等。清除重复数据一般采用相似度计算等统计分析方法。针对缺失数据处理有两种方式，一种是忽略不完整数据，即清除缺失数据，另外一种是通过统计学方法、分类或聚类方法填充缺失数据确保数据可用性。在实际应用中，数据采集过程中还会因为多种原因产生大量的噪声数据（在合理的数据域之外），如果不加处理，会造成后续分析与挖掘结果不准确、不可靠。常用的消除噪声数据的方法包括分箱、聚类、回归等统计学和数学方法。

（2）数据集成　数据集成是指将来源于多个数据源的异构数据合并存放到一个一致的数据库中。这一过程主要涉及模式匹配、数据冗余、数据值冲突的检测与处理，主要工具仍是上述提到的开源 ETL 工具。模式匹配主要用于发现并映射两个或多个异构数据源之间的属性对应关系，朴素贝叶斯、Stacking 等机器学习算法在模式匹配中应用较为广泛。数据冗余可能来源于数据属性命名的不一致，可以利用皮尔逊积矩相关系数来衡量数据属性命名的一致性，绝对值越大表明两者之间相关性越强。数据值冲突主要表现为来源不同的同一实体具有不同的数据值，针对数据值冲突问题有时需要辅以人工确定规则加以处理。

（3）数据变换　数据变换就是处理采集上来的数据中存在不一致的过程，包括数据名称、颗粒度、规则、数据格式、计量单位等的变换，也包括对新增数据字段进行组合、分割等变换。数据变换实际上也包含了数据清洗的相关工作，需要根据业务规则对不一致数据进行清洗，以保证后续分析结果的准确性。数据变换的主要目的在于将数据转换为适合分析与挖掘的形式，选用何种数据变换方法取决于大数据分析与挖掘算法。常用变换方法包括：函数变换，使用数学函数对每个属性值进行映射；对数据进行规范化，按比例缩放数据的属性值，使结果尽量落入较小的特定区间。规范化既有助于各类分类、聚类算法的实施，又避免了对度量单位的过度依赖，同时可规避权重不平衡问题。

（4）数据归约　数据归约是在保持数据原貌的前提下，缩减数据规模，提取最有用特征。涉及技术有高维数据降维、实例归约、离散化和不平衡学习等。数据归约使数据集变小但仍保留原数据的完整性，提高分析效率。基于海量数据的归约技术已成为大数据预处理的重要问题之一。

4. 数据分析与挖掘

一旦执行了适当的数据预处理，数据准备就绪，可以进行监督数据挖掘的预测建模。需要将数据适当分割为训练集和测试集或使用交叉验证，否则模型可能过度拟合，显示出过于乐观的准确性。如果目标属性是数值型（如疲劳强度、地层能量），则使用回归技术进行预测建模；如果目标属性是类别型（如化合物是否为金属），则使用分类技术。有些技术可同时进行分类和回归。目前存在几种集成学习技术，它们以不同方式结合基础学习者的结果，提高模型的准确性和鲁棒性。除了预测建模，还可以使用聚类和关系挖掘等数据挖掘技术，具体取决于项目目标，如找到相似材料组或发现数据中的隐藏模式和关联。

材料信息学中常见的机器学习相关问题分为有监督学习和无监督学习两种，根据预测值是连续值或离散值可分为回归和分类任务。常用的机器学习方法还包括特征选择和降维等。材料性能值多为连续值，因此回归问题占主要地位。回归分析在自变量和因变量之间建立回归方程以描述其相关关系，还具有一定的预测功能，广泛应用于机器学习问题，如传统线性回归的拟合分析、逻辑回归用于分类问题。根据自变量的个数不同，可分为一元回归分析和多元回归分析；根据拟合函数的不同，可分为线性回归和非线性回归。常用的回归方法还包括多项式回归和核岭回归等。

最近，深度学习逐渐代替传统机器学习，在众多领域表现优异。深度学习模型中常用的算法有深度神经网络、卷积神经网络和循环神经网络。深度神经网络的灵活性使模型能够从数据最原始的表示中不断学习更高阶的特征。例如，在计算机视觉领域，卷积神经网络用于图像识别，可学习检测网络中的中间层数据的边缘，最终在终端层中进行检测。卷积神经网络已成功应用于大型图像分类任务，并在其他方面取得许多成功。在一些任务中，深度神经网络与传统回归方法相结合，得到更高精度的预测结果，如使用神经网络从材料结构中抽取高层特征，然后利用传统回归模型根据高层特征对材料性能进行预测。

在过去十几年，大量利用材料科学数据的数据挖掘研究如雨后春笋般涌现，这些研究大多使用上述材料信息学工作流程的某种风格。值得注意的是，这个工作流程本质上是材料科学对其他领域中类似数据驱动分析工作流程的改编。大多数用于大数据管理和信息学的先进技术来自计算机科学领域。更具体地说，高性能数据挖掘，应用于许多不同领域，如商业和营销、医疗保健、气候科学、生物信息学和社会媒体分析等。

材料数据是材料科学研究的基础，随着“材料基因工程”的实施，材料数据呈现爆炸式增长。然而，我国在材料数据库方面的资源储备量远不如美国和日本等发达国家。我国材料数据库建设处于初期，无法很好地服务研究者和满足应用需求。目前，我国材料数据库建设与应用面临以下挑战：

1）数据量与质量问题：相比发达国家，我国材料数据库数据积累量不足，已有国家级数据库的数据不够丰富，数据质量评价机制不完善，错误数据会阻碍研究，需要严格把关。

2）数据分类与获取复杂性：数据分类应依据权威体系进行划分，数据收集需严格格式和明确来源。材料计算和实验数据对工艺参数非常敏感，获取过程复杂，导致数据差异大。

3）数据共享与知识产权问题：研究单位的数据库共享程度低，多数仅涵盖单一性能或材料体系，数据格式不统一。数据被视为“财富”，知识产权保护缺乏明确法律界定，研究者和生产单位不愿无偿贡献数据。

4）专业人员监管不足：数据库的收集、更新和维护多由青年学生和研究者完成，但他们对材料科学领域知识理解不深，容易造成失误，影响数据库质量和建设进度，需要专业人员监管。

这些问题需要引起重视，以提高我国材料数据库的建设和应用水平，推动材料科学研究的发展。

1.4　复习思考题

1. 材料科学中的关键问题是什么？
2. 原子尺度材料设计与模拟通常使用的方法和技术有哪些？
3. 材料电子结构计算的基本步骤包括哪些？

第2章 材料的机器学习建模方法

2.1 机器学习在材料领域的应用需求

材料是一个复杂的高维多尺度耦合系统，目前的基础理论尚无法准确描述材料成分-组织/结构-性能-服役行为的构效关系。一些深层次的机理仍不清楚，导致材料研发长期依赖基于经验的“试错法”。自 1980 年以来，随着计算机的发展和计算能力的提高，计算材料学迅速兴起，推动了材料研发由“经验+试错”模式向计算驱动的研发模式转变。

材料基因工程的提出，促进了材料大数据的发展，并推动了人工智能技术在材料领域的全面应用。数据驱动的材料研发第四范式正在逐渐形成。长期以来，材料领域十分活跃，规模庞大的研究开发活动积累了大量的数据，为机器学习在材料领域的广泛应用奠定了基础。利用机器学习建立材料影响因素（如成分和工艺）与目标量（如性能、显微组织、相组成）之间的映射关系，可以实现材料成分、结构、组织、工艺、性能的预测与新材料的发现。机器学习还可以帮助材料科学家从不同尺度、不同维度深入认识材料的机理特征，理解材料问题的科学本质。

机器学习是一种让计算机从数据中自动学习和提取有用知识的方法。简而言之，机器学习就是让计算机通过对大量样本数据的分析和学习，找出其中的规律和模式，从而实现对未知数据的预测和决策。与传统的基于规则的编程方法不同，机器学习不需要人为地为计算机设定复杂的规则和逻辑，而是通过让计算机自动“学习”数据中的信息来完成任务。机器学习在材料领域的应用需求主要体现在以下几个方面。

1. 高效数据处理与分析

材料科学领域涉及的大量实验数据和模拟数据需要进行高效处理与分析。传统的方法往往耗时且费力，而机器学习可以快速处理海量数据，提取有用信息，极大提高了数据分析的效率。

2. 材料性能预测

通过构建机器学习模型，可以预测材料在不同条件下的性能表现。这不仅能帮助研究人员快速筛选出具有潜力的新材料，还能减少实验次数和成本。例如，利用机器学习可以预测材料的机械强度、导电性、导热性等关键性能。

3. 材料设计与优化

机器学习可以辅助材料设计，通过对已有材料数据的学习，生成符合特定要求的新材料设计方案。研究人员可以使用这些方案进行进一步验证和优化，从而加速新材料的开发过程。

4. 工艺优化

制备工艺对材料性能有着重要影响。通过机器学习，可以优化材料的制备工艺参数，找到最佳的工艺条件，从而提升材料的性能和质量。例如，在金属合金的制造过程中，机器学习可以帮助确定最佳的热处理温度和时间。

综上所述，机器学习在材料领域的应用不仅能够提升研发效率、降低成本，还能加速新材料的发现和开发，解决复杂的材料科学问题，推动材料科学的创新和发展。本节将介绍机器学习建模方法的基本原理，并对其应用进行概述。

2.2　机器学习建模流程

1. 数据预处理

数据预处理是机器学习建模之前的重要环节，其主要功能为：在处理大量数量级不同的数据时，防止给模型带来干扰项，如数量级大的数据计算时容易屏蔽掉数量级小的数据特性，所以在数据处理中，在不影响数据描述符表达含义的情况下，对数据进行同样的伸缩变换，使其处于同一范围，以减小计算误差。常用的数据预处理方法有如下两种。

（1）标准化　通过标准差和均值对数据标准化处理，计算公式为

$$x_{std}=\frac{x-\mu}{\sigma} \tag{2-1}$$

式中，x 是某特征描述符变量值；μ 是某特征描述符中的平均值；σ 是该特征描述符中的标准差。

每个特征描述符的标准化处理是独立进行的，因此，标准化后的数据的均值为 0 且标准差为 1。

（2）归一化　通过最大值和最小值对数据归一化处理，计算公式为

$$x_{norm}=\frac{x-x_{min}}{x_{max}-x_{min}} \tag{2-2}$$

式中，x 是某特征描述符变量值；x_{max} 是某特征描述符中的最大值；x_{min} 是某特征描述符中的最小值。

每个特征描述符的归一化处理是独立进行的，因此，归一化后的数据取值范围为 0~1。

基于标准化和归一化的数据预处理是最常用的方法。这两种方法都是简单线性变换，只改变数据的取值范围，并不改变数据分布。然而，在材料数据的实际建模中，我们有时会遇到偏态分布的情况，如更多的数据分布在较小的取值范围而较大的取值在数据中占比极少。如图 2-1a 所示，x 取值小于 500 的数据点占据了整个数据集的绝大多数，而 x 取值大于 1000 的数据却寥寥无几。有时候在材料性能数据中，我们可能更加关注那些虽寥寥无几但性能更好（即取值更大）的数据点。一种最简单的变换方法就是利用对数方程进行数据变换，其

主要特点就是将数据较小的区域分布拉开更松散，而数据较大的区域分布压缩更紧凑。图 2-1 所示为数据对数变换过程的示意图。通过比较图 2-1a 和图 2-1c 就可以很清楚地看到这个变换的特点。要注意的是，对数变换只对数据取值为正有效，不然 ln(*x*) 无法计算；如果数据为负值，也可以考虑取绝对值进行变换。但是，如果数据包含 *x* 取值为零的数据点时则比较麻烦，不适合进行对数变换。

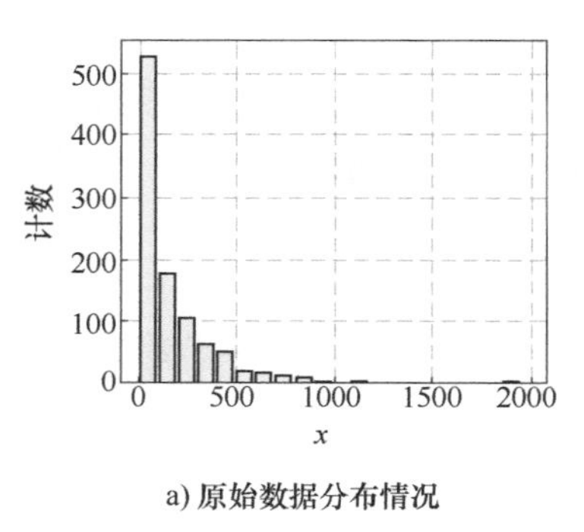

a) 原始数据分布情况

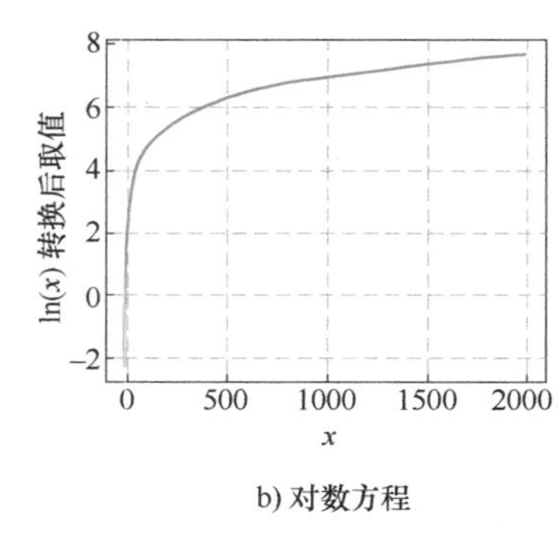

b) 对数方程

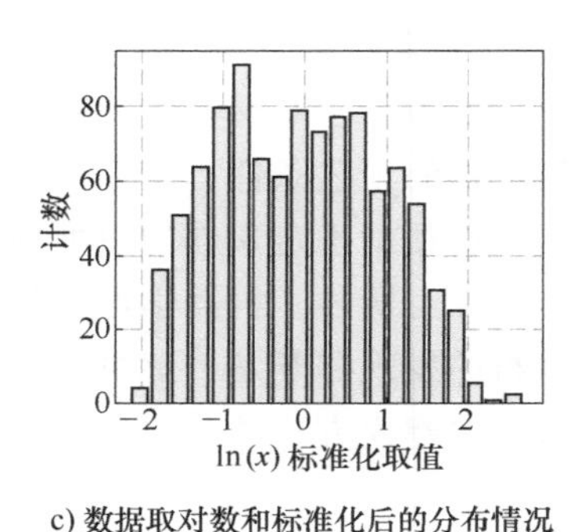

c) 数据取对数和标准化后的分布情况

图 2-1 数据对数变换过程的示意图

2. 模型评价指标

机器学习模型主要分为分类模型和回归模型，在本书中主要使用回归模型，因此分类模型的评价指标在这里不再介绍。机器学习回归模型中常用的评价指标主要有五种：均方误差、均方根误差、平均绝对误差、平均百分比误差以及 *R* 方指数。

均方误差（MSE）计算公式为

$$\mathrm{MSE}=\frac{1}{n}\sum_{i=1}^{n}(y_i-\hat{y}_i)^2 \tag{2-3}$$

式中，y_i 是数据中第 i 个样本的真实值；$\hat{y}_i$ 是数据中第 i 个样本的预测值；n 是样本的总数。

均方误差计算了所有预测误差平方的平均值。该值越小，说明模型预测值与实际值越接近，模型的拟合精度也就越高。

均方根误差（RMSE）计算公式为

$$\mathrm{RMSE}=\sqrt{\frac{1}{n}\sum_{i=1}^{n}(y_i-\hat{y}_i)^2} \tag{2-4}$$

均方根误差（RMSE）作为 MSE 的平方根，用来衡量预测值同真实值之间的偏差，对异常值更为敏感，能够更有效地衡量预测数据相对于真实数据的离散程度，从而提供更全面的预测性能评估。

平均绝对误差（MAE）计算公式为

$$\mathrm{MAE}=\frac{1}{n}\sum_{i=1}^{n}|y_i-\hat{y}_i| \tag{2-5}$$

平均绝对误差是衡量模型预测值与真实值之间绝对差异的一个指标，其值越小，表明模型的整体拟合程度越高。

平均百分比误差（MAPE）计算公式为

$$\mathrm{MAPE}=\frac{100\%}{n}\sum_{i=1}^{n}\left|\frac{y_i-\hat{y}_i}{y_i}\right| \tag{2-6}$$

平均百分比误差则反映了误差相对于真实值的大小，其值始终非负（≥0%），且较低的 MAPE 值预示着更佳的预测性能。

R 方指数（R^2，也称为拟合优度）计算公式为

$$R^2 = 1 - \frac{\sum_{i=1}^{n}(y_i - \hat{y}_i)^2}{\sum_{i=1}^{n}(y_i - \bar{y}_i)^2} \tag{2-7}$$

式中，$\bar{y}_i$ 是样本数据的平均值。

R 方指数是通过比较模型预测值与真实值之间的差异以及仅使用真实值均值作为预测时的差异，来评估模型性能的。它的值域限制为 0~1。当 R^2 越接近 1 时，表示模型预测值越贴近真实值，拟合效果也就越优秀。

3. 模型评估方法

在评估一个模型的预测能力时，我们通常需要把一部分数据隐藏起来，即按一定的比例将数据随机划分成训练集和测试集。图 2-2 所示为常见的几种数据训练集和测试集划分方法。我们使用训练集训练模型，然后使用测试集来评估模型的性能。测试集上的误差可以作为模型在真实场景中表现的近似指标。只需要训练模型在测试集上的误差尽可能小，我们就可以近似认为模型具有较好的泛化能力，即较强的普遍预测能力。打个比方，训练集就相当于上课学习知识，测试集相当于随堂测验，用来检测、纠正和强化学到的知识。因此，测试集也通常用于同一模型的超参数调整和不同类别模型的筛选。在数据集划分时，需要注意以下几点：我们通常将数据集的 80%作为训练集，20%作为测试集，这样的划分有助于保证训练和测试的平衡性，如图 2-2a 所示；我们需要在数据建模之前先划分好训练集和测试集，以避免在建模过程中过多地了解测试集数据的特征，从而导致模型的性能评估过于乐观；数据预处理应仅在训练集上进行，如数据标准化或归一化等操作应只在训练集上完成，然后将这些操作的设置应用到测试集中，在这个过程中，不能使用测试集来调整数据预处理流程和参数；测试集主要用于评估模型在真实数据上的表现，所以测试集应该用于在训练好模型之后近似评估模型的泛化能力，如在选择比较多个模型时，应主要评估不同的模型在测试集上的表现。

既然训练集和测试集的数据划分是随机产生的，那么我们在评估模型的误差时是不是存在很强的随机性呢？答案是肯定的。克服这种随机性的方法很简单，就像我们掷硬币一样，从概率论的角度我们知道硬币正面和反面出现的概率都是 50%，但是在实际实验中只有我们掷硬币的次数足够多时才能够逼近 50%的概率。同理，当我们评估模型误差时，我们可能需要多次重复训练集和测试集的数据划分（如 50 次），然后将多次建模误差的平均值和方差计算出来，基于误差平均值和方差来评估这个模型的优劣。

另外一种评估模型的有效方法是交叉验证法，其核心思想是在模型训练之前，将数据集随机分成 *k* 个大小相等且互斥的子集，每次将取出一个子集作为测试集，其余的数据作为训练集，这样每个子集都会有一次被作为测试集，而模型在不同的训练集上被训练且在不同的测试集上被评估 *k* 次，最终我们可以取 *k* 次评估的平均误差来评判一个模型的优劣。这种方法也称为 *k* 折交叉验证。图 2-2c 所示为五折交叉验证的数据划分，即每个 20%的数据将被作为测试集评估一次，而另 80%的数据将被作为训练集。

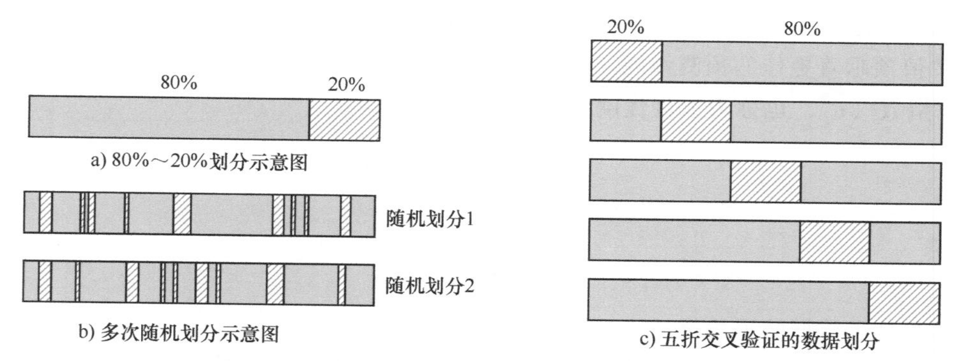

图 2-2　常见的几种数据训练集和测试集划分方法

以图 2-3 为例，我们可以将训练集和测试集数据的实际值和预测值形成对比，并将实际值和预测值分别作为横坐标和纵坐标画出散点图。100%准确预测结果将落在斜率为 1 的对角线上，预测结果越偏离这个对角线，则误差越大。对角线图是一个典型的对模型预测的可视化方法。这里我们采用了 80%~20%的随机划分。按照前面的介绍，测试集是用来近似模型在实际应用情况下的预测误差。因此，我们应该主要关注测试集误差。在这个实例中，测试平均百分比误差（即 MAPE）为 17%。

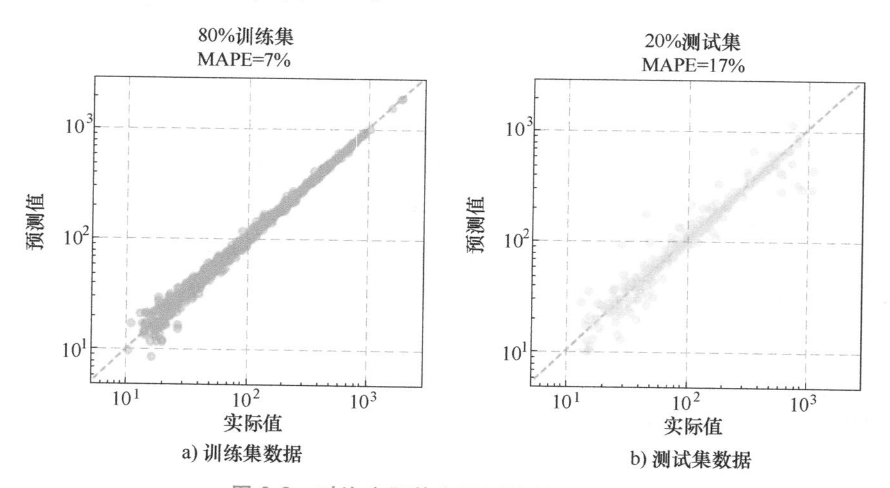

图 2-3　对比实际值和预测值的对角线图

既然我们主要关注测试集误差，是否还需要评估训练集误差？实际上，对比训练集和测试集的误差是我们判断模型是否过拟合或欠拟合的重要信号。图 2-4 所示为三种拟合情况示意图。在测试集误差较大的情况下，训练集误差较小（甚至于预测结果近乎完美）时，这可能说明模型出现了过拟合现象，即模型对训练集中已知数据点进行过度拟合。过拟合通常是因为使用的模型类型或者超参数过于复杂导致的。另一种情况是在测试集误差较大的情况时，训练集误差也很大，这可能说明模型出现了欠拟合，即模型过度简单而导致无法拟合实际的函数关系。因此，我们在模型超参数调整或模型筛选过程中，首先是要考虑尽量降低测试集的误差，在测试集的误差相近的情况下，尽量选择训练集和测试集误差接近的模型或者参数设置。

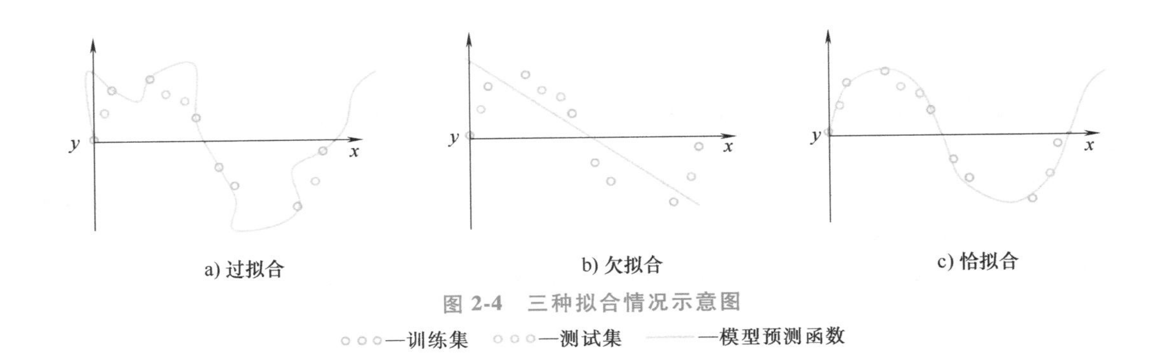

图 2-4　三种拟合情况示意图

○○○—训练集　○○○—测试集　——模型预测函数

2.3　常用机器学习算法

机器学习算法是实现智能应用的基础。通过这些算法，我们能够让计算机从数据中学习并预测未知的结果。这些算法有各自的特点和适用场景，了解它们的原理和特性，有助于更好地解决实际问题。本节将对各种机器学习算法进行详细介绍，包括线性回归、决策树、支持向量机、高斯过程回归、神经网络、卷积神经网络等。

2.3.1　线性回归

线性回归模型是一种简单但强大的统计方法，用于建模变量之间的线性关系。它的基本思想是通过找到一条最适合的数据直线，来预测一个或多个自变量（输入变量）与因变量（输出变量）之间的关系。

线性回归模型的基本形式为

$$\hat{y}=ax+b \tag{2-8}$$

式中，$\hat{y}$ 是输出变量或预测值；x 是输入变量或样本特征，有多个变量时可以用向量表示；a 是模型参数（权重）；b 是截距项。

线性回归的目标是找到一组权重和截距，使得预测值与实际值之间的误差最小。为了实现这一目标，线性回归使用了最小二乘法来最小化预测值与实际值之间的平方误差，如图 2-5 所示。

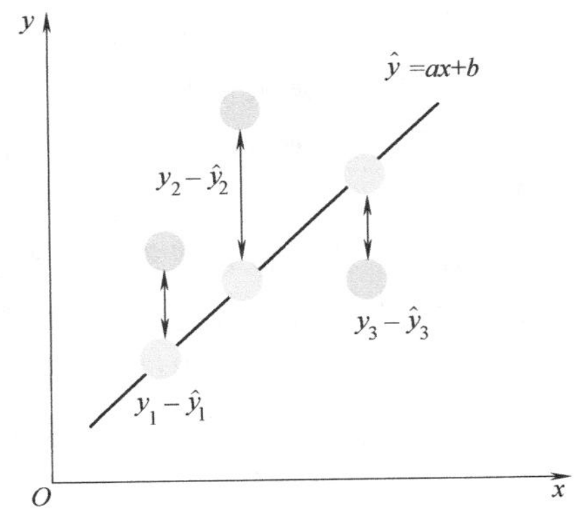

图 2-5　线性回归模型示意图

线性回归模型凭借其简单、易用和高效的特点，广泛应用于各类预测分析和解释性分析中，是机器学习和统计分析的重要工具之一，其优点为：

1）算法简单，容易理解和实现。

2）计算复杂度低，训练速度快。由于线性回归的计算量较小，训练过程迅速，适用于大规模数据集；

3）可解释性强，模型参数有直观的物理意义。线性回归的回归系数直接反映了各个特征对目标变量的影响大小，易于解释。

4）可以通过正则化方法（如 Lasso 和 Ridge）来避免过拟合。

缺点如下：

1）线性回归假设特征与目标之间存在线性关系，对于非线性关系的数据拟合效果较差。

2）对异常值（Outliers）敏感，异常值可能导致模型拟合效果较差。异常值会显著影响回归系数的估计，导致模型性能下降。

3）对多重共线性问题（特征间高度相关）敏感，可能导致模型不稳定。

2.3.2 决策树

决策树（Decision Tree）是一种常见的机器学习算法，用于解决分类和回归问题。图 2-6 所示为决策树模型示意图。决策树以树状结构表示决策过程，通过递归地将数据集划分为不同的子集，每个子集对应于一个树节点。在每个节点上，根据特征值选择一个最佳的划分方式。常用的划分方式包括信息增益、信息增益比、基尼指数等。划分过程一直进行到达到预先设定的停止条件，如节点内的数据数量小于某个阈值或树的深度达到限制等。

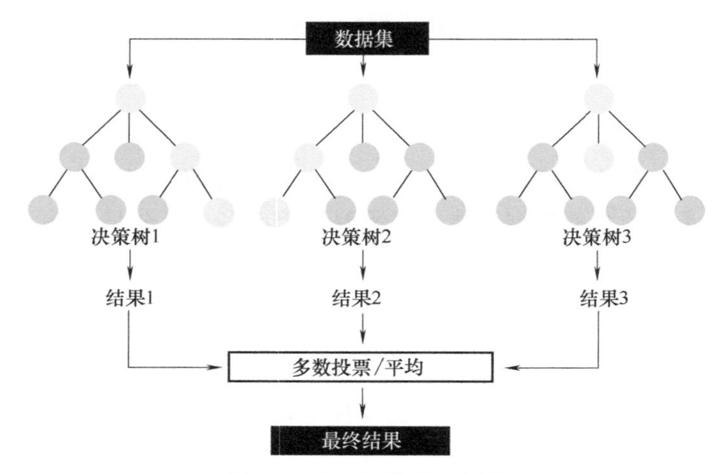

图 2-6 决策树模型示意图

其优点为：

1）模型具有良好的可解释性，容易理解和实现。

2）可以处理缺失值和异常值，对数据的预处理要求较低。

3）适用于多种数据类型，包括离散型和连续型特征。

缺点为：

1）容易产生过拟合现象，需要采用剪枝策略来防止过拟合。

2）对于非线性关系的数据建模能力有限。

3）决策树的构建过程可能受到局部最优解的影响，导致全局最优解无法达到。

决策树在很多实际应用中表现出较好的性能，尤其是在具有混合数据类型特征的问题中。然而，决策树容易过拟合，需要采用剪枝策略来防止过拟合，同时对非线性关系建模能力有限。在这种情况下，可以考虑使用随机森林等基于决策树的集成方法。

2.3.3 支持向量机

支持向量机（Support Vector Machine，SVM）是一种广泛应用于分类和回归问题的机器学习算法。在分类问题中，SVM 的目标是找到一个超平面，使得两个类别之间的间隔最大化。这个间隔称为最大间隔，而支持向量机的名称来源于构成这个最大间隔边界的数据点，称为支持向量。图 2-7 所示为支持向量机的几何表示示意图。为了解决非线性问题，支持向量机引入了核函数。核函数可以将原始特征空间映射到一个更高维度的特征空间，使得原本线性不可分的数据在新的特征空间中变得线性可分。常用的核函数包括线性核函数、多项式核函数、高斯径向基核函数（Radial Basis Function，RBF）等。

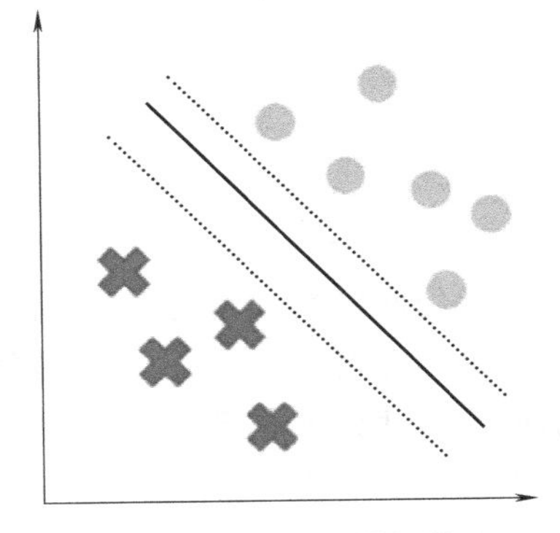
图 2-7 支持向量机的几何表示示意图

其优点为：

1）在高维数据和小样本数据上表现良好。

2）可以处理非线性问题，通过选择合适的核函数可以提高分类性能。

3）具有稀疏性，只有支持向量对模型产生影响，降低了计算复杂度。

缺点为：

1）对于大规模数据集和高维数据，训练速度较慢。

2）需要选择合适的核函数和调整核函数参数，对参数敏感。

3）对于多分类问题需要进行扩展，如 one-vs-rest 或 one-vs-one 方法。

支持向量机在许多实际问题中表现出良好的分类性能，尤其是在高维数据和小样本数据上。然而，在大规模数据集和高维数据上，训练速度较慢，可能需要考虑使用其他更高效的分类方法。

2.3.4 高斯过程回归

高斯过程回归（GPR）是一种非参数的贝叶斯机器学习方法，用于解决回归问题。高斯过程回归以概率的方式建模数据，提供的不仅是预测结果，还包括预测不确定性的信息，如图 2-8 所示。

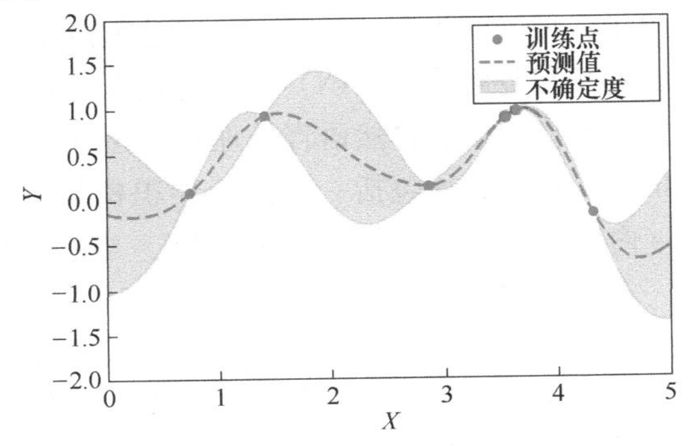

图 2-8 高斯过程回归示例

其优点为：

1）非参数特性。GPR 不假设数据的具体形式，具有很强的灵活性。

2）不确定性估计。提供了预测的不确定性估计，这对很多实际应用非常重要。

3）小样本适应性。在小样本情况下表现良好，因为它能够很好地捕捉数据的统计特性。

缺点为：

1）计算复杂度高。计算协方差矩阵的逆矩阵需要较高的时间复杂度，对于大规模数据集不适用。

2）内存消耗大。存储协方差矩阵需要较大的内存，对于大数据集存在内存问题。

高斯过程回归是一种强大的非参数回归方法，能够提供高质量的预测及其不确定性估计。尽管在大规模数据集上存在计算和内存的限制，但在许多科学和工程应用中，高斯过程回归由于其灵活性和准确性，仍然是一种非常有价值的工具。

2.3.5 神经网络

神经网络是一种模仿生物神经系统的计算模型，由多个相互连接的神经元组成。图 2-9 所示为神经网络示意图。神经网络的基本结构包括输入层、隐藏层和输出层。神经网络通过前向传播计算预测值，利用反向传播算法调整权重，以最小化损失函数。

图 2-9 神经网络示意图

其优点为：

1）神经网络具有较强的表达能力，能够逼近复杂的非线性函数。

2）可以自动学习特征表示，减少特征工程的工作量。

3）可以通过多层结构和大量神经元实现深度学习，提高模型性能。

缺点为：

1）训练过程可能较慢，需要大量计算资源。

2）对超参数的选择敏感，需要进行调优。

3）可解释性相对较差。

神经网络在计算机视觉、自然语言处理、语音识别、推荐系统等领域有广泛应用。

2.3.6 卷积神经网络

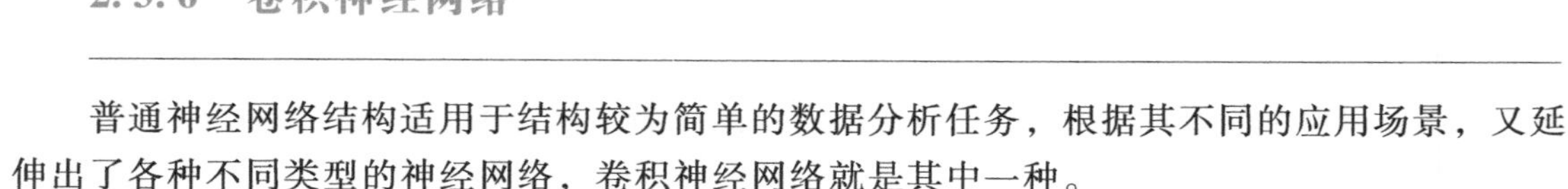

普通神经网络结构适用于结构较为简单的数据分析任务，根据其不同的应用场景，又延伸出了各种不同类型的神经网络，卷积神经网络就是其中一种。

卷积神经网络（CNN）是一种包含卷积运算且具有深度结构的前馈神经网络，被广泛应用于图像识别、自然语言处理和语音识别等领域。在卷积神经网络中，隐藏层包括执行卷积的层。通常，这包括一个执行卷积核与该层输入矩阵的点积的层。这个积通常是 Frobenius 内积，其激活函数通常是 ReLU。当卷积核沿着该层的输入矩阵滑动时，卷积操作产生了一个特征图，这反过来又有助于下一层的输入。随后是其他层，如池化层、全连接层和归一化层等，一个仅由五层组成的简单 CNN 架构如图 2-10 所示。

卷积层对输入进行卷积，并将其结果传递给下一层。这类似于视觉皮层中的神经元对特定刺激的反应。每个卷积神经元只处理其接受区域的数据。虽然全连接的前馈神经网络可以

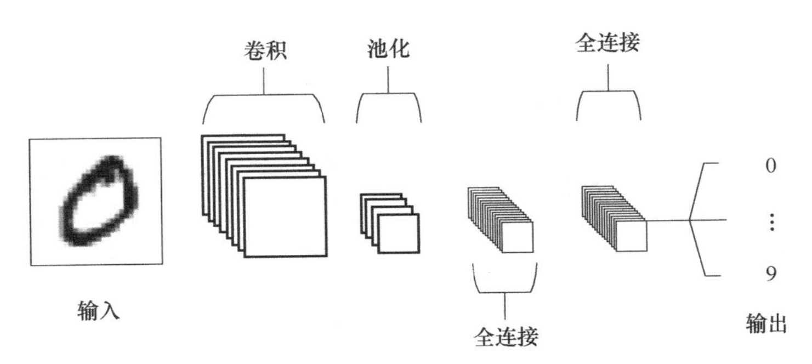

图 2-10　一个仅由五层组成的简单 CNN 架构

用来学习特征和分类数据，但这种架构对于较大的输入，如高分辨率图像，通常是不切实际的。它需要非常多的神经元，即使是浅层架构，图像的输入尺寸也很大，每个像素都是一个相关的输入特征。例如，对于一个尺寸为 100×100 像素的（小）图像来说，全连接层在第二层的每个神经元会有 10000 个权重。这样设计虽然可以捕捉图像的全局信息，但会导致参数数量过多，计算成本高，并容易过拟合。相比之下，卷积层通过卷积核减少了自由参数的数量。卷积核的尺寸通常为 5×5 像素，表示在图像上滑动的一个小区域。每个卷积核仅需 25 个可学习的参数（权重），无论输入图像的大小如何。所有位置共享相同的权重，这大大减少了参数数量，提高了计算效率，同时保留了图像的局部特征，使得网络能够更深层次地学习复杂特征。

其优点为：

1）可通过参数共享来降低模型的复杂性。通过在整个图像上使用相同的滤波器来提取不同位置的特征，大大减少了需要训练的参数数量。

2）能够自动学习输入数据的特征表示。

3）卷积操作和其他基本操作可以高度并行化，使得它们能够有效地运行在并行计算设备上。

缺点为：

1）训练和推理过程通常需要大量的计算资源，尤其是在处理大规模数据和复杂模型时。

2）其内部的决策过程相对难以解释等。

2.3.7　循环神经网络

循环神经网络（RNN）是一种主要用于处理序列数据的深度学习神经网络结构，如图 2-11 所示。与传统的前馈神经网络不同，RNN 具有循环连接结构，允许信息在网络内部进行持续传递。RNN 的主要特点在于其能够捕捉序列数据中的时间依赖关系，这意味着网络能够记忆先前的输入，并在处理后续输入时利用这些信息。这种记忆能力使得 RNN 在处理语言模型、时间序列预测、文本生成、机器翻译等任务上表现出色。RNN 的基本结构包括输入层、隐藏层和输出层。隐藏层中的神经元之间存在循环连接，使得网络能够在处理序列数据时保留状态信息。在每个时间周期内，网络接收当前输入数据以及前一时间点的隐藏层状态，随之计算并输出当前时序的响应，同时产生新的隐藏层状态。这样信息就能够在时间上进行传递。然而，传统的 RNN 存在梯度消失和梯度爆炸等问题，导致难以处理长期时间依赖关系。

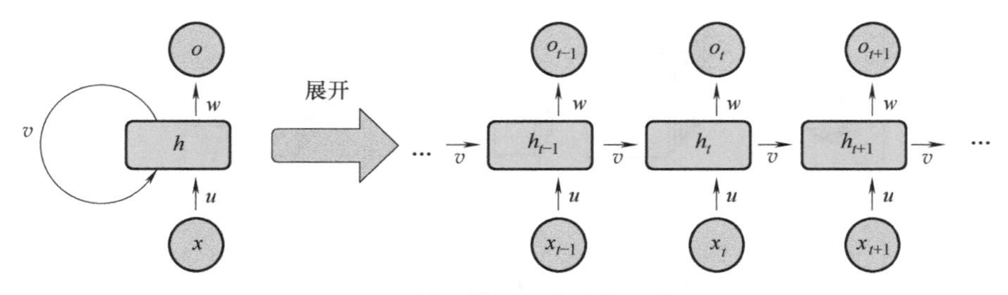

图 2-11　循环神经网络结构示意图

其优点为：

1）能够处理任意长度的序列数据，如时间序列、文本、音频等，这是其主要优势之一。

2）在不同时间步共享参数，使得模型在处理长序列时参数数量不会随着序列长度增加，降低了模型的复杂性和，减少了存储需求。

3）能够捕捉序列中的上下文信息，使得前后信息在序列中的关联得以保留，这对于自然语言处理等任务尤为重要。

缺点为：

1）训练和推理速度较慢，难以并行化处理。

2）在处理非常长的序列时，其记忆能力有限，难以有效捕捉长距离依赖关系。

3）在处理长序列时会遇到梯度消失和梯度爆炸问题，导致训练困难。

2.3.8　长短期记忆网络

长短期记忆网络（Long Short-Term Memory，LSTM）是一种基于循环神经网络（RNN）的特殊结构，通过引入存储单元来保持时间相关性，因而具有良好的时间序列分析能力，其结构示意图如图 2-12 所示。LSTM 引入了单元结构来过滤无效信息。该结构包含四个子单元：输入门、输出门、记忆门和遗忘门。训练集数据通过输入门进入单元结构。经过逻辑推理判断信息是否有用后，无用信息会被遗忘门删除，而有用信息会与过去信息结合，最终由输出门输出。通过这种机制，LSTM 能够沿着时间序列的方向挖掘训练集的隐藏规律，并对未来数据进行预测。除此之外，LSTM 结构单元具备内置的记忆门机制，能智能调控对输入数据的处理策略，从而有效地管理权重对网络训练的影响，促使模型实现更优的收敛性能。

其优点为：

1）通过引入记忆单元和门控机制，有效缓解了梯度消失和梯度爆炸问题，使得模型能够捕捉到长距离依赖关系。

2）输入门、遗忘门和输出门使得网络能够灵活地决定哪些信息需要保留，哪些信息需要丢弃，从而提高了信息处理的精度。

3）能够在较长时间跨度内记住重要的信息，这对于需要长时间依赖的任务（如长文本的语义理解）非常有效。

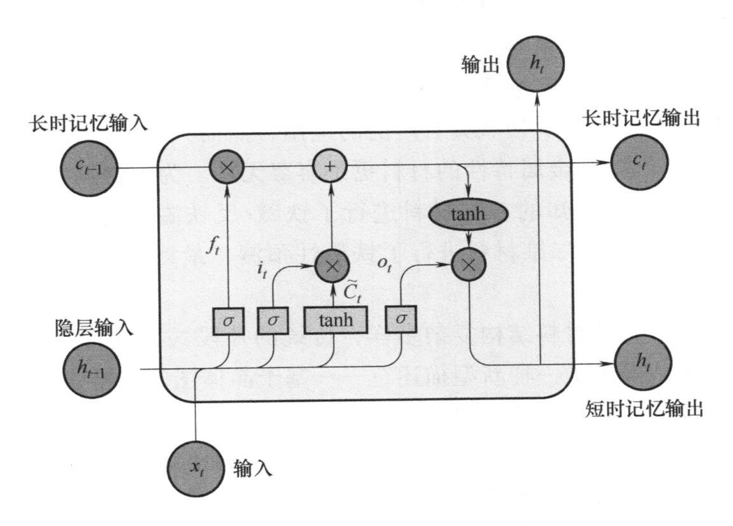

图 2-12　长短期记忆网络结构示意图

缺点为：

1）门控机制增加了计算复杂度和训练时间，尤其是在处理大型数据集或长序列时，计算成本较高。

2）参数数量较多，增加了模型的存储需求和训练的难度，可能导致过拟合问题。

3）结构更复杂，增加了实现和调试的难度。

2.3.9　决策树梯度提升

XGBoost（eXtreme Gradient Boosting）是基于梯度提升（Gradient Boosting）的决策树集成学习方法。XGBoost 通过加入正则化项，降低模型复杂度，提高泛化能力。同时，XG-Boost 采用了并行计算和近似算法，显著提高了训练速度。

其优点为：

1）高效的训练速度，支持并行计算。

2）高准确率，通过正则化降低过拟合风险。

3）支持自定义损失函数和评估指标。

4）内置特征重要性排序功能。

缺点为：

1）超参数调优较为复杂。

2）需要较多的计算资源。

XGBoost 在以下场景表现优异：大规模数据集；需要高准确率的分类和回归任务；特征选择。除此之外，XGBoost 在 Kaggle 竞赛中广泛应用，获得了多次胜利。

2.4　机器学习指导材料设计与制造

利用机器学习建立材料成分、工艺、组织、性能和服役行为之间的隐性构效关系，并在未知空间中预测具有优异性能的新材料，同时得到最优性能对应的材料成分和工艺等，是机器学习辅助材料研发最常用的策略。

应用案例一：二维铁磁材料性质预测与筛选

二维铁磁材料在自旋电子学领域具有广泛的应用，然而大部分已知的二维材料都不存在铁磁性，同时具有半导体/半金属特性的材料更是寥寥无几。为了快速发现更多的铁磁材料，王金兰教授团队对 2569 种已知的二维材料进行了铁磁/反铁磁高通量计算，并结合机器学习，对材料数据库中 3759 种二维材料进行了铁磁性预测，最终筛选出近百种稳定的二维铁磁材料。

在此过程中，由于二维材料结构复杂多样，传统的片段式描述符并不适用于二维材料。为此，王金兰教授团队提出了一种新型描述符——基于晶体图的三维张量描述符，该描述符不依赖于具体原子位置，只与原子近邻环境有关，并且相较于传统的一维和二维描述符，三维描述符包含了更多的物理化学信息，有利于机器学习性能的提高。研发者将新型描述符应用于二维材料热力学稳定性、金属/半导体/半金属以及无磁/铁磁/反铁磁的机器学习分类中，并通过引入反馈学习算法，实现了机器学习模型的预测准确率超过 90%，如图 2-13 所示。最终经过三次机器学习分类，筛选得到了 19 种铁磁半导体、19 种铁磁半金属以及 51 种铁磁金属材料。初步建立起了包含 500 余种铁磁材料和 900 余种反铁磁材料的二维材料数据库。

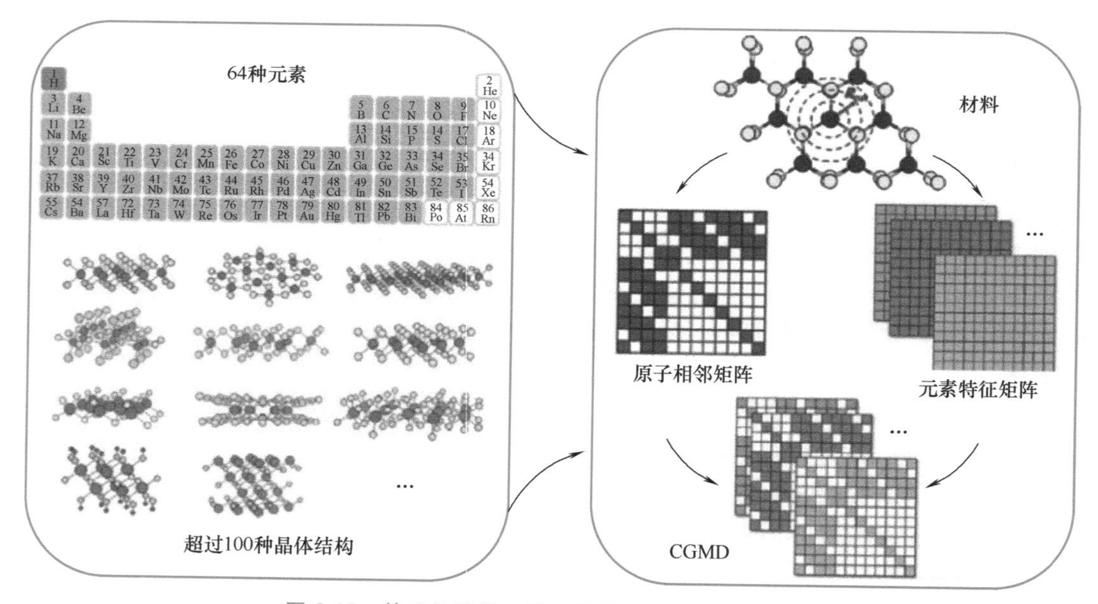

图 2-13　基于机器学习的二维铁磁材料的高效筛选

这项工作突破了机器学习技术在新型二维铁磁功能材料设计领域的瓶颈，为解决二维磁性材料，特别是铁磁半导体和半金属的短缺问题提供了一个极具潜力的策略。构建的材料智能化设计平台，将极大地加速其他二维功能材料的研发进程。

应用案例二：机器学习辅助先进含能材料的高通量虚拟筛选

含能材料是一类能够在特定外界刺激下，通过剧烈氧化还原反应释放出巨大能量的特殊反应性物质。自 2000 多年前中国发明黑火药以来，含能材料为人类的进步和繁荣做出了重大贡献。先进含能材料的能量、感度和热稳定性是最受关注的三个性能。然而，能量、感度和热稳定性之间始终存在着相互矛盾和制约的关系。一般来说，含能材料的高能量总是伴随着机械感度升高和热稳定性降低。因此，发展兼具高能量、低感度和良好热稳定性的新型含能材料仍然是一个巨大挑战。

基于领域知识、机器学习算法和实验验证的含能材料研发新模式，中国工程物理研究院化工材料研究所张庆华研究团队设计了一个集成分子生成和机器学习模型的高通量虚拟筛选（HTVS）系统。如图 2-14 所示，该系统能够预测分子性能，并评估晶体堆积模式。在该系统的指导下，快速生成了 25112 个分子，并从中确认了具有理想性能和晶体堆积模式的候选分子。

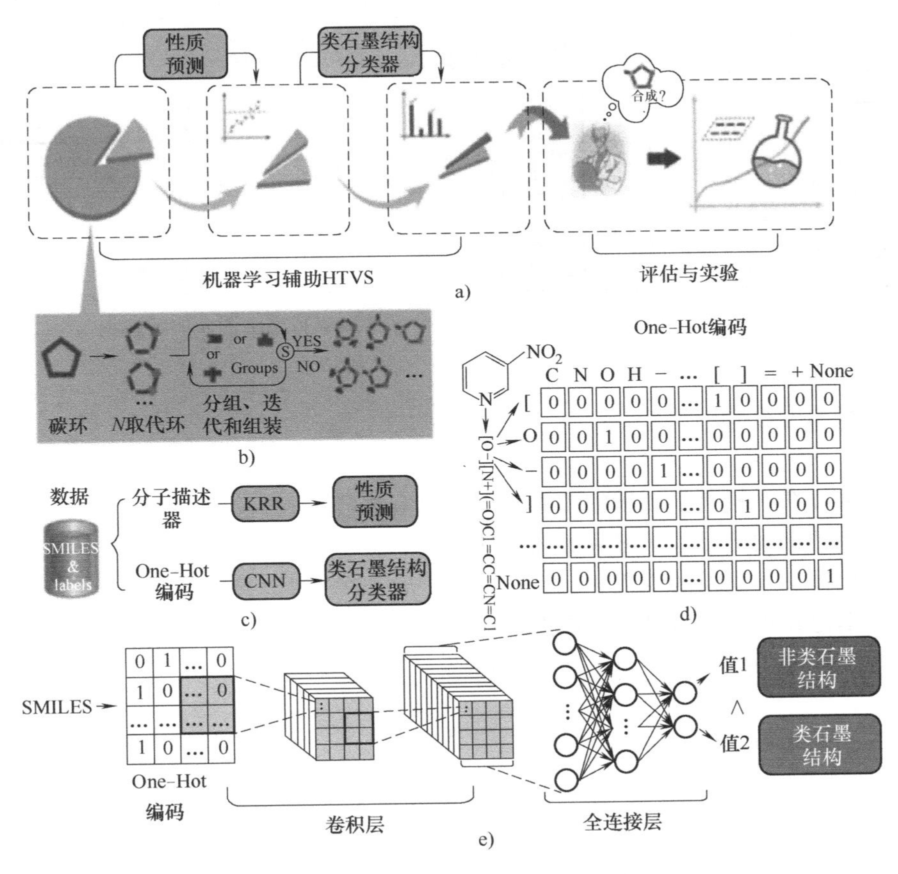

图 2-14　HTVS 系统的框架和组件

通过实验合成这些目标分子，并对其晶体结构和性质进行研究，结果表明，目标分子良好的综合性能与预测结果一致，从而验证了研发模式的有效性。该研究展示了一种用于发现新型含能材料的新研究范式，并且可以无障碍地应用于其他有机功能材料的探索。

应用案例三：通过高通量实验和机器学习预测镍基高温合金的相结构

镍基高温合金通常用于极端高温环境，如航空发动机、燃气轮机等。相结构直接影响合金在高温下的强度和持久性能，其直接影响合金的力学性能、耐蚀性和高温稳定性，从而决定其在航空航天、能源和工业领域的应用潜力。精准预测相结构可以指导材料设计和优化，提高合金的性能和延长使用寿命，降低研发成本和减少研发时间，推动先进材料技术的发展。

预测镍基高温合金的相析出，是一项困难的任务。对此，秦子珺等人引入了一种可靠且高效的方法，通过整合高通量实验和机器学习算法，建立了镍基高温合金成分与有害相之间的关系，如图 2-15 所示。研究者快速获得了 8371 组关于成分和相信息的数据，并通过机器学习进行分析，建立了高置信度的相预测模型。与传统方法相比，所提出的方法在获取和分析实验数据方面具有显著优势，并且可以应用于其他多组分合金的研究。

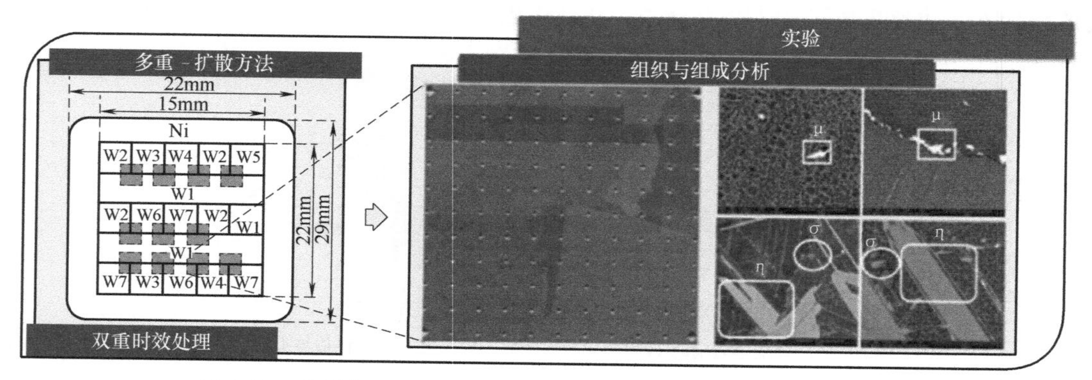

图 2-15　材料高通量实验结合机器学习预测镍基高温合金的有害相

2.5　复习思考题

1. 机器学习在材料科学领域的主要应用需求有哪些？
2. 简述 5 种常用的机器学习算法的优缺点。
3. 简述机器学习建模的流程。
4. 机器学习在指导材料设计与制造方面有哪些应用？

第3章 材料智能设计与优化方法

3.1 贝叶斯条件概率及应用

贝叶斯方法在统计学和机器学习中具有重要地位，为我们提供了一种系统化的将先验知识与新数据相结合的方法。贝叶斯定理是这些方法的基础，通过贝叶斯推断，我们可以对未知参数进行估计和预测。在本章中，我们将详细探讨贝叶斯定理、贝叶斯推断以及基于贝叶斯推断的参数提取方法，并通过具体案例来说明其实际应用。

3.1.1 贝叶斯理论基础

贝叶斯定理是概率论中的一个定理，描述在已知一些条件下，某事件的发生概率。例如，如果已知某种健康问题与寿命有关，使用贝叶斯定理则可以通过得知某人年龄，来更加准确地计算出某人有某种健康问题的概率。通常，事件 A 在事件 B 已发生的条件下发生的概率，与事件 B 在事件 A 已发生的条件下发生的概率是不一样的。然而，这两者是有确定关系的，贝叶斯定理就是这种关系的陈述，即

$$P(A|B)=\frac{P(A)P(B|A)}{P(B)} \tag{3-1}$$

式中，$P(A|B)$ 是已知 B 发生后，A 的条件概率，也称为 A 的事后概率；$P(A)$ 是 A 的先验概率（或边缘概率）；$P(B|A)$ 是已知 A 发生后，B 的条件概率，也称为 B 的后验概率；$P(B)$ 是 B 的先验概率。贝叶斯定理的核心在于通过观察新数据（事件 B）来更新我们对事件 A 的信念。具体来说，贝叶斯定理帮助我们在获得新信息后，调整对某个事件发生概率的估计。

贝叶斯定理可以从条件概率的定义出发进行推导。条件概率的定义为

$$P(A|B)=\frac{P(A\cap B)}{P(B)} \tag{3-2}$$

$$P(B|A)=\frac{P(A\cap B)}{P(A)} \tag{3-3}$$

通过以上等式，可以得到

$$P(A\cap B)=P(B|A)P(A) \tag{3-4}$$

将其代入条件概率的定义中

$$P(A|B)=\frac{P(B|A)P(A)}{P(B)} \tag{3-5}$$

举一个生活中的例子。

假设有一种疾病的测试，测试结果呈阳性的概率为 P（阳性|有病），测试的准确率很高，但不是百分之百准确。此外，我们还知道总体人群中患病的比例 P（有病）和测试结果为阳性的总体概率 P（阳性）。我们想知道，如果一个人的测试结果为阳性，他实际患病的概率是多少，即 P（有病|阳性）。

$$P(\text{有病}|\text{阳性})=\frac{P(\text{阳性}|\text{有病})P(\text{有病})}{P(\text{阳性})} \tag{3-6}$$

贝叶斯推断是一种基于贝叶斯定理的统计推断方法。它结合先验知识和观测数据来更新对模型参数的信念。通过这种方法，我们能够根据已有的先验信息和新观测到的数据，对未知参数进行合理估计，其基本步骤为：

（1）定义先验分布　选择一个先验分布 $P(\theta)$ 来描述在没有观测数据时对参数 θ 的信念。先验分布可以基于经验、历史数据或专家知识。

（2）计算似然函数　根据观测数据 D 计算似然函数 $P(D|\theta)$，反映在给定参数 θ 下观测到数据 D 的概率。似然函数通常是基于假设的统计模型得出的。

（3）应用贝叶斯定理　通过贝叶斯定理计算后验分布 $P(\theta|D)$，即

$$P(\theta|D)=\frac{P(D|\theta)P(\theta)}{P(D)} \tag{3-7}$$

式中，分母 $P(D)$ 是一个归一化常数，确保后验分布的积分为 1，即

$$P(D)=\int P(D|\theta)P(\theta)\,\mathrm{d}\theta \tag{3-8}$$

（4）进行推断　利用后验分布 $P(\theta|D)$ 对参数进行估计和预测。后验分布不仅提供了参数的点估计，还反映了其不确定性。

3.1.2　贝叶斯参数提取方法

基于贝叶斯推断的参数提取是指在贝叶斯推断框架下对模型参数进行估计。通过后验分布，我们可以提取后验均值、后验中位数、最大后验概率（MAP）估计等。

（1）后验均值　后验均值是后验分布的期望值，通常用来作为参数的点估计，即

$$E[\theta|D]=\int \theta P(\theta|D)\,\mathrm{d}\theta \tag{3-9}$$

（2）后验中位数　后验中位数是使得后验分布的累积分布函数达到 0.5 的值，即

$$\mathrm{CDF}(\theta_{0.5})=0.5 \tag{3-10}$$

（3）MAP 估计　最大后验概率估计是后验分布的最大值点，即

$$\theta_{\mathrm{MAP}}=\mathrm{argmax}_{\theta}P(\theta|D) \tag{3-11}$$

在贝叶斯推断中，模型的选择和超参数的设置也非常重要。贝叶斯方法提供了一种自然

的方法来进行模型选择，即通过比较不同模型的边际似然（Marginal Likelihood）或贝叶斯因子（Bayes Factor）。

1）边际似然。边际似然是数据在某个模型下的总概率，用于比较不同模型的优劣，即

$$P(D\mid M)=\int P(D\mid \theta,M)P(\theta\mid M)\mathrm{d}\theta \tag{3-12}$$

2）贝叶斯因子。贝叶斯因子用于比较两个模型 M_1 和 M_2 的相对优劣，即

$$BF_{12}=\frac{P(D|M_1)}{P(D|M_2)} \tag{3-13}$$

通过计算不同模型的边际似然或贝叶斯因子，可以选择最适合的数据模型。

例如，假设要估计一枚硬币是正面朝上的概率 θ。先验分布假设为均匀分布 $\theta\sim \text{Uniform}(0,1)$，我们观察到的结果是10次抛硬币中有7次正面朝上。

1）定义先验分布。由于假设先验分布为均匀分布，则

$$P(\theta)=1,\ 0\leqslant\theta\leqslant 1 \tag{3-14}$$

2）计算似然函数。根据伯努利分布，似然函数为

$$P(D|\theta)=\theta^7(1-\theta)^3 \tag{3-15}$$

3）应用贝叶斯定理。计算后验分布为

$$P(\theta|D)=\frac{\theta^7(1-\theta)^3\cdot 1}{\int_0^1\theta^7(1-\theta)^3\mathrm{d}\theta} \tag{3-16}$$

式中，分母 $P(D)$ 是归一化常数，可以通过贝塔函数计算得到

$$P(D)=\int_0^1\theta^7(1-\theta)^3\mathrm{d}\theta=B(8,4)=\frac{\Gamma(8)\cdot\Gamma(4)}{\Gamma(12)} \tag{3-17}$$

① 后验均值。可以通过计算贝塔分布的期望值得到

$$E(\theta|D)=\frac{8}{8+4}=\frac{2}{3} \tag{3-18}$$

② 后验中位数。需要通过数值方法计算，通常可通过计算累积分布函数得到。

③ MAP估计。找到后验分布的最大值，通过对后验分布进行微分并设置为零求解，即

$$\theta_{\text{MAP}}=\frac{7}{7+3}=0.7 \tag{3-19}$$

贝叶斯定理提供了一种更新概率分布的系统方法，而贝叶斯推断则利用这一方法结合先验知识和观测数据进行参数估计。基于贝叶斯推断的参数提取通过后验分布为我们提供了参数的估计值及其不确定性，为统计分析和机器学习提供了强大的工具。在实际应用中，贝叶斯方法在处理不确定性和复杂问题时尤为有效。通过实际案例分析，我们可以看到贝叶斯方法在医疗诊断、机器学习等领域的广泛应用及其独特优势。

让我们通过一个例子来更好理解贝叶斯定理的概念和使用场景。

例： 实验室制备的太阳能电池的转化效率在最近一段时间变差了，同学们怀疑药品被污染，于是通过EDX光谱仪进行检测，结果为阳性。现已知：实验室历史记录表明，1%的化学药品会被污染；化学药品被污染时，99.9%的污染药品会被EDX测出阳性，但是，10%的未污染的药品也会被EDX测出阳性（即假阳性）。求：EDX结果为阳性时，药品被污染的概率。

解：记药品被污染为事件 A，EDX 结果为阳性为事件 B。

药品被污染的概率为

$$P(A)=1\%$$

药品被污染时，EDX 阳性的概率为

$$P(B|A)=99.9\%$$

未被污染的药品，测出阳性的概率为

$$P(B|\bar{A})=10\%$$

EDX 阳性的概率即真阳概率+假阳概率，即

$$P(B)=P(B|A)P(A)+P(B|\bar{A})P(\bar{A})$$

其中，$\bar{A}$ 是药品未被污染的概率，即

$$P(\bar{A})=1-P(A)=99\%$$

则有

$$P(B)=99.9\%\times1\%+10\%\times99\%=10.90\%$$

EDX 结果为阳性时，药品被污染的概率为

$$P(A|B)=\frac{P(A)P(B|A)}{P(B)}=\frac{1\%\times99\%}{10.90\%}=9.08\%$$

思考：为什么 EDX 显示阳性时，药品实际被污染的概率仍然这么低？若要进一步确定药品是否污染，我们应该选择怎样的测试方法？

在未来的学习和研究中，我们可以进一步探索贝叶斯方法在其他领域的应用，并结合实际问题进行深入分析和实践。通过不断学习和应用，我们能够更好地理解和利用贝叶斯方法，为科学研究和实际问题解决提供更加有效的工具和方法。

3.1.3 物理模型参数提取

贝叶斯定理还可以广泛地应用于理论与实验数据的拟合分析上，从而获取物理模型内部参数的概率分布。基于这些提取的参数，可以进行有效的数字孪生建模，实时进行材料设计与制造过程的性能预测。我们以一个简单抛小球问题的物理过程为例，阐明贝叶斯定理如何与传统物理模型连用，实现模型内部参数的提取。如图 3-1 所示，向空中垂直抛一小球，观测小球的运动轨迹，即高度位置 y 随时间 t 的变化关系。基于牛顿第二定律，确定这一运动过程中 y 和 t 的关系可以近似为

$$y=v_0t-\frac{1}{2}gt^2 \tag{3-20}$$

在这个例子中，假设在小球初始速度 v_0 和重力加速度 g 未知的条件下，且每隔时间 Δt 观测一次小球离地面位置（y，t）。

因此，在数据点（y，t）被观测后，v_0，g 取值的概率会得到一个修正，即

$$P(v_0,g|y,t)=P(v_0,g)\frac{P(y,t|v_0,g)}{P(y,t)} \tag{3-21}$$

式中，$P(v_0, g)$ 是给定区间里面 v_0，g 取值的先验概率分布；$P(v_0, g | y, t)$ 是基于 y，t

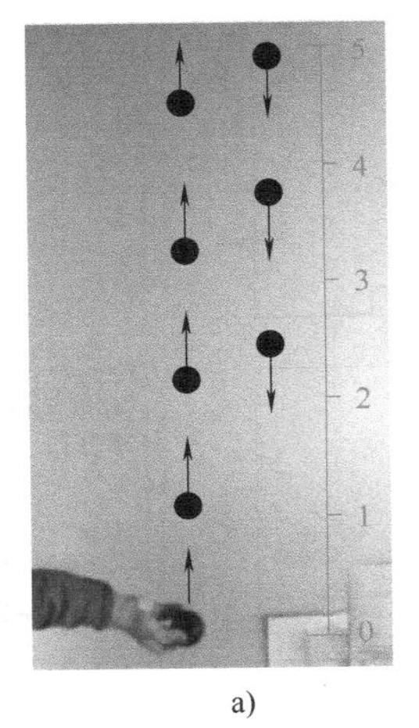

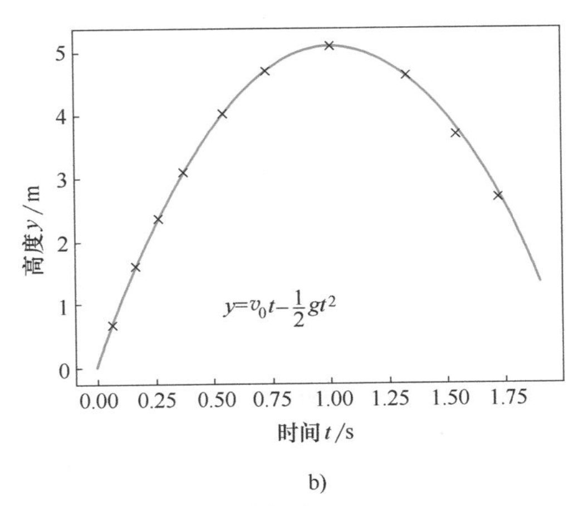

a)　　b)

图 3-1　垂直方向抛小球的轨迹

观测数据的新的概率分布；$\frac{P(y,t|v_0,g)}{P(y,t)}$是基于牛顿第二定律模型（公式）的概率修正常数；$P(y,t|v_0,g)$ 是给定区间内任意 v_0 和 g 取值时，模型模拟出结果为（y，t）的概率（根据拟合误差来估计——误差越大、概率越小）；$P(y, t)$ 是实验结果为（y，t）的概率（根据实验误差来估计——误差越大、概率越小）。

基于这样的逻辑，我们可以在获得每一个新的（y，t）数据后，对 v_0 和 g 的取值进行估算预测，并给出其取值的概率分布区间。

在仅仅已知初始两组观测（y，t）数据，如图 3-2 所示，模型对 v_0 和 g 的估算预测未收敛，接近于在取值范围内均匀分布。然而，当（y，t）观测数据达到十组时，模型对 v_0 和 g 的估算预测趋于收敛，如图 3-3 所示，其取值分布在 $v_0 \approx 11.5$m/s 和 $g \approx 9.7$m/s^2 附近。因此，通过对 v_0 和 g 参数的实时估算，可以对小球的运动进行实时预测，实现动态过程的数字孪生。同样的道理，在材料设计和制造过程中可以预先建立一个物理模型，并基于贝叶斯定理方法实时对模型内部参数进行估算预测，给予实时参数提取并反馈。

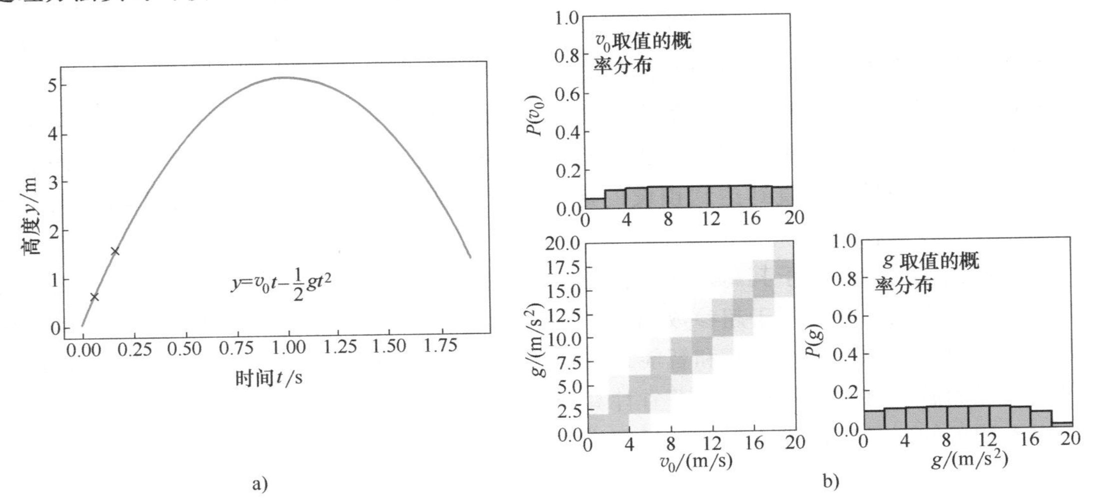

图 3-2　仅根据两组（y，t）数据进行了贝叶斯定理参数提取，并获得 v_0 和 g 取值的概率分布

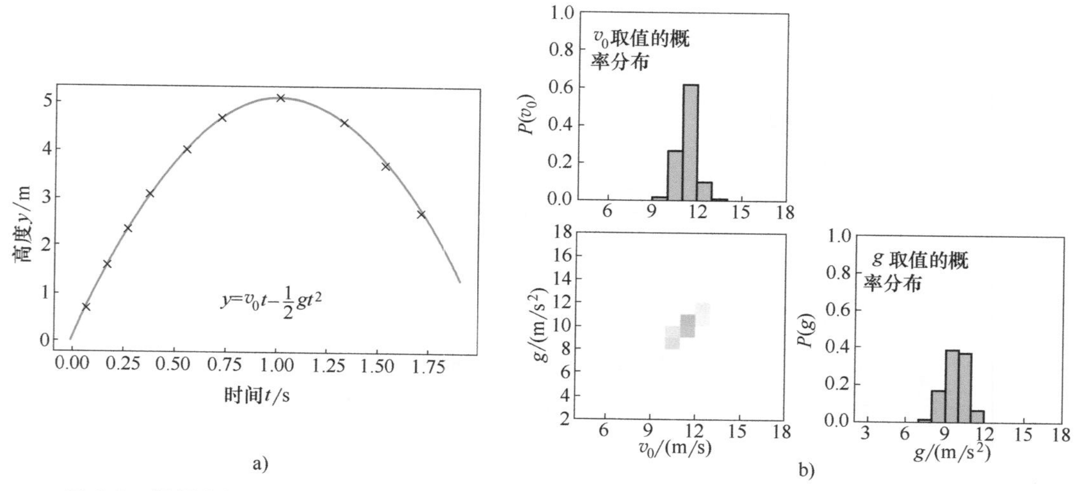

图 3-3　根据十组（y，t）数据进行了贝叶斯定理参数提取，并获得 v_0 和 g 取值的概率分布

3.2　基于贝叶斯优化的自主实验方法

3.2.1　贝叶斯优化方法基础

贝叶斯优化（Bayesian Optimization，BO）是一种基于贝叶斯定理的全局优化算法，特别适用于目标函数难以直接计算或计算成本较高的情况。它的核心思想是通过建立一个目标函数的代理模型，以更智能和高效的方式引导搜索过程，从而找到使目标函数达到最优值的参数配置。在贝叶斯优化中，假设目标函数服从某种先验分布，通常选择高斯过程模型作为代理模型。高斯过程模型能够提供目标函数的预测均值和不确定性估计，从而为搜索过程提供丰富的信息。

每次迭代时，贝叶斯优化会根据当前的代理模型选择下一个评估点，这个点是最有可能改善目标函数性能的位置。选择评估点的方法通常基于某种获取函数，如期望改进或置信上限，这些函数综合考虑了代理模型的预测均值和不确定性。评估点的选择完成后，我们对目标函数进行实际评估，并将得到的新的观测结果添加到已有的数据集中。随后，代理模型会进行更新，以反映最新的观测信息。这个过程会不断重复，迭代地选择新的评估点、评估目标函数、更新代理模型，直到达到预设的迭代次数或满足其他停止条件（如达到满意的优化结果或计算预算耗尽）。

贝叶斯优化的优势在于其高效性和智能性，尤其在高维空间和评估代价昂贵的情况下表现尤为突出。它已广泛应用于超参数调优、实验设计、材料科学和机器学习模型的自动化优化等领域。通过不断的模型更新和智能评估点选择，贝叶斯优化能够在较少的评估次数内找到接近最优的解决方案，从而大大节省计算资源和时间。

由上述可知，贝叶斯优化主要包括两个关键部分：代理模型（Surrogate Model）和获取函数（Acquisition Function）。

代理模型是用来近似目标函数的模型，因为直接评估目标函数的代价可能很高。代理模型的评估比直接评估目标函数更为便宜和快速。常见的代理模型包括高斯过程（Gaussian Process，GP）、随机森林（Random Forest）和梯度提升（Gradient Boosting）等。图 3-4 所示为高斯过程与随机森林的建模对比，但通常使用高斯过程。这是因为高斯过程是一种无参数模型，其假设函数的所有可能值都服从多变量高斯分布，能够提供预测的均值和方差，从而给出不确定性估计。这种不确定性估计对于选择下一个评估点非常有用。

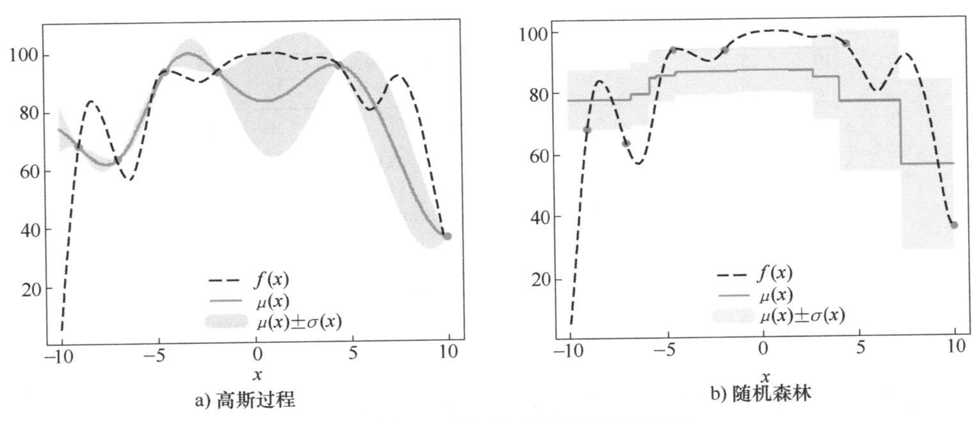

图 3-4　高斯过程与随机森林的建模对比

获取函数是根据代理模型的预测值和不确定性估计来决定下一个评估点的位置。常用的获取函数包括期望改进（Expected Improvement，EI）、概率改进（Probability of Improvement，PI）和置信上限（Upper Confidence Bound，UCB）等。这些获取函数在探索（Exploration）新的参数区域和利用（Exploitation）已知的优良区域之间取得平衡。通过这种方式，获取函数指导贝叶斯优化在每次迭代中选择最有可能带来改进的评估点。以下是几种常见的获取函数及其详细介绍。

1. 期望改进

期望改进是指在当前位置 x 评估目标函数 f 时，期望获得的改进值，即

$$\mathrm{EI}(x)=E[\max(f(x)-f(x^{+}),0)] \tag{3-22}$$

通过转换，该式可转变为

$$\mathrm{EI}(x)=[f(x^{+})-\mu(x)]\cdot\Phi\left(\frac{f(x^{+})-\mu(x)}{\sigma(x)}\right)+\sigma(x)\cdot\phi\left(\frac{f(x^{+})-\mu(x)}{\sigma(x)}\right) \tag{3-23}$$

式中，$f(x^{+})$ 是当前最优值；$\mu(x)$ 是代理模型的预测均值；$\sigma(x)$ 是预测标准差；Φ 是标准正态分布的累积分布函数；ϕ 是标准正态分布的概率密度函数。

2. 置信上限

置信上限获取函数考虑了预测均值和不确定性，通过调整参数来平衡探索和利用。UCB 获取函数通过加权预测均值和标准差来选择下一个评估点，其公式为

$$\mathrm{UCB}(x)=\mu(x)+\kappa\sigma(x) \tag{3-24}$$

式中，κ 是一个参数，用于控制探索和利用之间的权衡。

图 3-5 所示为不同获取函数在高斯过程与随机森林模型上的表现。代理模型和获取函数的结合使得贝叶斯优化能够在减少对目标函数直接评估次数的情况下，加速优化过程。代理

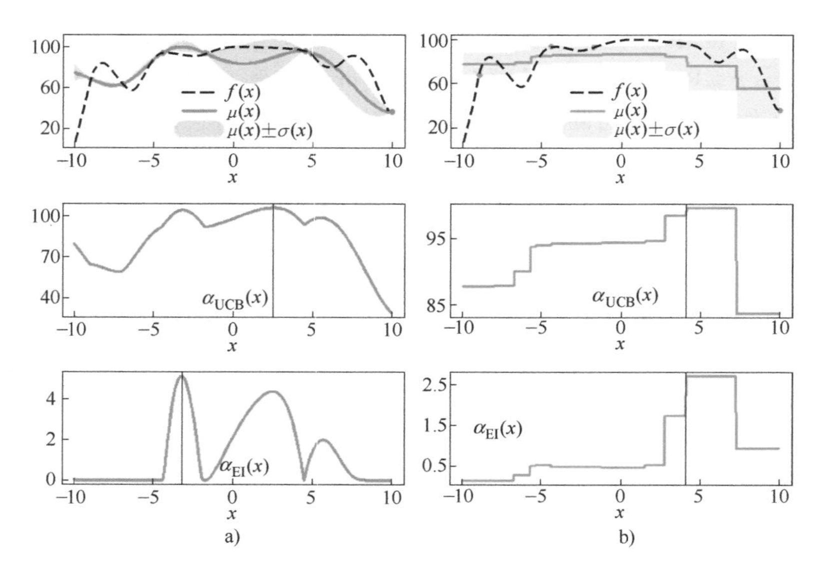

图 3-5 不同获取函数在高斯过程与随机森林模型上的表现

模型通过提供目标函数的近似估计和不确定性信息，使得优化过程更加高效和智能。获取函数则通过平衡探索和利用，确保优化过程既能发现新的潜在最优区域，又能充分利用已有的高质量区域。

贝叶斯优化在材料科学领域的应用越来越广泛，其显著特点是能够减少实验和计算模拟的成本与时间，帮助研究人员更快地找到最优材料和工艺参数。这一优势在材料科学的各个方面得到了充分体现。

首先，在材料设计与发现过程中，研究人员面临着广阔的化学空间和结构空间的探索。贝叶斯优化通过智能选择实验点，显著提高了发现新材料的效率。例如，在合金设计中，贝叶斯优化可以快速筛选出具有最佳力学性能和耐蚀性的成分组合。通过优化实验参数，贝叶斯优化能够帮助研究人员在更短时间内找到理想的合金成分，大大降低了试错成本。

其次，高通量实验技术虽然能够一次性评估大量样品，但仍需要优化实验参数以获得最佳结果。贝叶斯优化在这方面显示出了其独特的优势。例如，在薄膜沉积过程中，贝叶斯优化可以帮助找到最佳的沉积参数，如温度、压力和时间，从而生产出高质量的薄膜。通过减少实验次数并优化实验条件，贝叶斯优化显著提高了实验效率和结果的准确性。

另外，材料性能的多尺度建模也是贝叶斯优化的重要应用领域。材料的性能通常需要通过从原子尺度到宏观尺度的多尺度建模来理解。贝叶斯优化能够帮助优化多尺度模型中的各个参数，提高整体模型的准确性和计算效率。例如，在多尺度力学模拟中，贝叶斯优化可以优化原子尺度和微观尺度模型的参数，以准确预测材料的宏观力学性能。这种优化不仅提升了模型的精度，还减少了计算资源的消耗。

总之，贝叶斯优化在材料科学中的应用展示了其在加速新材料发现、优化实验和计算条件以及提高模型精度方面的强大能力。通过智能化的优化过程，贝叶斯优化帮助研究人员更高效地进行材料设计和研究，从而推动材料科学的进步和创新。这不仅为研究人员节省了大量时间和成本，也为材料科学的发展开辟了新的路径。

3.2.2　贝叶斯自主实验应用案例

贝叶斯优化在材料领域中的应用日益广泛，特别是在复杂、高维和昂贵的实验过程中，展现出了强大的潜力。在开放环境下制造钙钛矿太阳能电池的过程中，基于知识约束的机器学习方法有效地优化了制造参数，提高了生产率和产品性能。在化学合成领域，贝叶斯反应优化作为一种智能工具，极大地提升了化学反应条件的优化效率，帮助研究人员在更短的时间内找到最佳的合成路径。对于材料科学中极具挑战性的“大海捞针”问题，快速贝叶斯优化结合缩放记忆初始化技术，通过智能选择实验点和动态调整搜索范围，显著提高了新材料发现的效率和成功率。这些案例展示了贝叶斯优化在不同科学和工程领域中的应用价值，推动了技术创新和研究进展。

应用案例一：基于知识约束的机器学习在开放环境钙钛矿太阳能电池制造过程中的优化

钙钛矿太阳能电池因其在高效率和低成本方面的潜力，近年来受到了广泛关注。然而，在开放环境中制造这些电池面临诸多挑战，如环境湿度、温度和污染物等因素的影响。传统的优化方法往往难以有效应对这些复杂的环境变量。基于知识约束的机器学习方法结合领域知识和数据驱动的方法，有望在这一领域取得突破。图 3-6 所示为基于知识约束的钙钛矿太阳能电池顺序学习优化示意图。

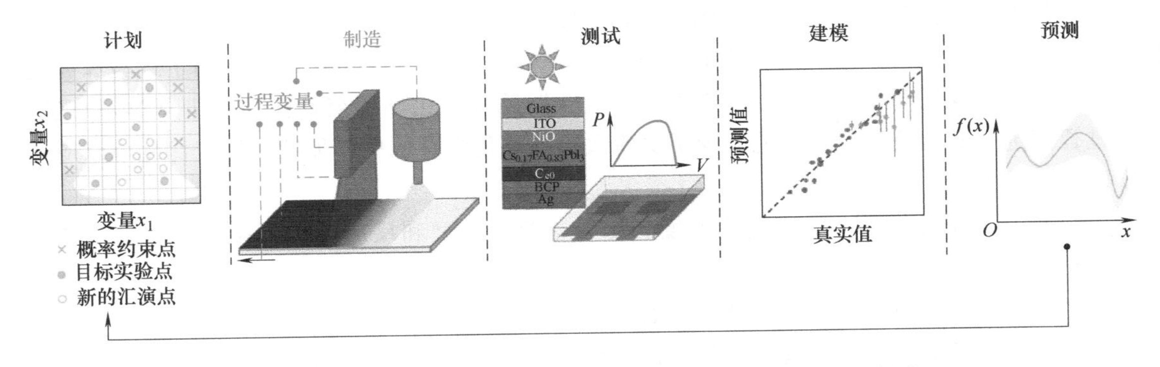

图 3-6　基于知识约束的钙钛矿太阳能电池顺序学习优化示意图

开放环境制造钙钛矿太阳能电池的挑战在于环境条件的不可控性，这对生产率和产品性能带来了显著影响。通过引入知识约束，机器学习模型能够更好地理解和适应这些不确定性，从而提高优化效果。

研究者采用了一种融合知识约束的机器学习算法，对开放环境中钙钛矿太阳能电池制造过程中的关键参数进行优化，如图 3-7 所示。首先，基于领域专家的知识，定义了制造过程中的约束条件和目标函数。然后，利用机器学习模型对大量实验数据进行训练，识别出影响电池性能的关键因素。在此基础上，通过优化算法迭代调整制造参数，逐步逼近最优解。在实验部分，设计了一系列在不同环境条件下制造钙钛矿太阳能电池的实验，并收集了大量数据。通过对这些数据进行分析，验证了基于知识约束的机器学习方法在优化制造过程中的有效性。实验结果表明，与传统方法相比，该方法能够显著提高太阳能电池的转换效率和生产一致性。

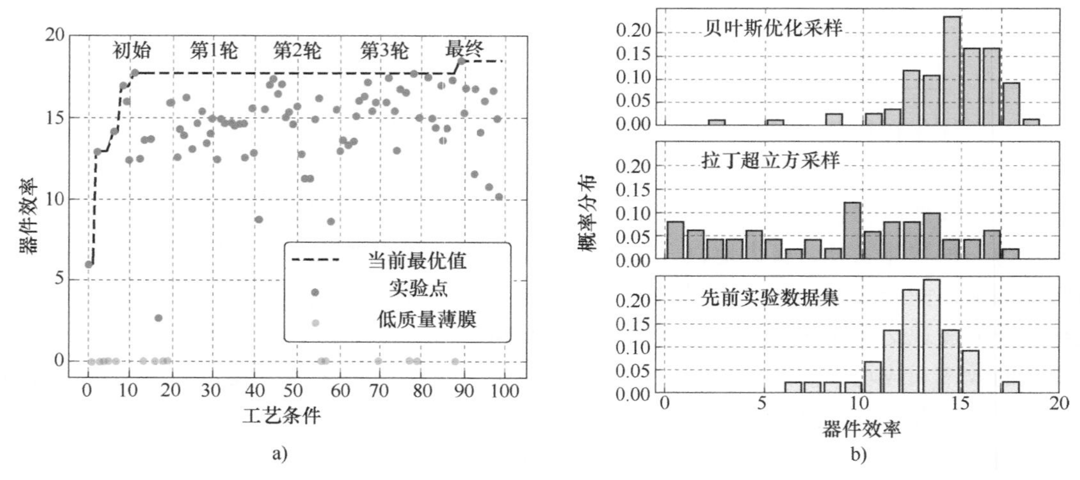

图 3-7 太阳能电池实验数据的可视化 BO 方法

实验结果显示，基于知识约束的机器学习方法在开放环境钙钛矿太阳能电池制造过程中表现出色。该方法不仅能够有效应对环境变量的影响，还能在一定程度上预测并避免潜在的制造缺陷。此外，通过结合领域知识和数据驱动的方法，使得模型具有较强的泛化能力，能够适应不同的制造环境。

应用案例二：贝叶斯反应优化作为化学合成的工具

在化学合成中，优化反应条件是一个关键步骤。传统的优化方法通常依赖于经验和大量的实验，这不仅耗时耗力，而且成本高昂。贝叶斯反应优化利用统计模型和机器学习算法，通过智能选择实验条件，极大地减少了实验次数。在化学合成中，贝叶斯反应优化可以应用于以下几个方面。

（1）反应条件优化　通过优化温度、压力、溶剂类型和反应时间等条件，提高反应的产率和选择性。

（2）催化剂筛选　在众多催化剂中智能筛选出最有效的催化剂。

（3）反应路径设计　优化多步反应路径中的每一步条件，提高整体合成效率。

多个研究案例表明，贝叶斯反应优化在化学合成中的应用效果显著。如图 3-8 所示，在某一有机合成反应中，通过贝叶斯优化，研究人员能够在较少的实验次数内找到最佳的反应条件，使产率显著提高。同时，贝叶斯优化还能帮助研究人员发现传统方法难以察觉的最佳条件组合。

贝叶斯反应优化作为一种创新工具，为化学合成过程提供了高效、智能的优化方法。通过减少实验次数和提高优化精度，它不仅节省了资源，还加速了化学合成研究的进展。随着技术的不断进步，贝叶斯反应优化有望在更多领域中发挥重要作用。贝叶斯反应优化的主要优势在于其高效性和智能性。它能够大幅减少实验次数，节省资源和时间。同时，通过不断更新模型，优化过程能够动态适应新的实验数据，提高优化精度。然而，贝叶斯反应优化也面临一些挑战，如高维空间中的优化效率和计算资源的需求。

随着计算能力和算法的发展，贝叶斯反应优化在化学合成中的应用前景广阔。未来，研究人员可以进一步结合其他先进技术，如高通量筛选和人工智能，进一步提高优化效率和精

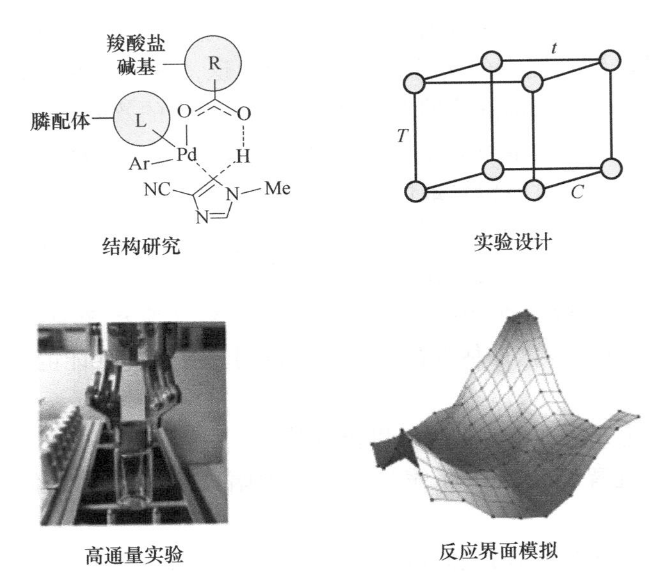

图 3-8　贝叶斯反应优化在化学合成中的案例

度。此外，贝叶斯反应优化还可以扩展应用于其他领域，如材料科学和药物研发。

应用案例三：快速贝叶斯优化解决材料领域的“大海捞针”问题

在许多优化问题中，特别是那些目标函数非常稀疏或难以评估的问题，被称为“大海捞针”问题。图 3-9 所示为普通优化问题与材料“大海捞针”问题的对比图。传统的优化方法在这些问题中往往表现不佳，因为需要大量的评估来找到目标函数的最优值。快速贝叶斯优化方法结合缩放记忆初始化（Zooming Memory-Based Initialization，ZoMBI）技术，可以显著提高这些问题的优化效率。

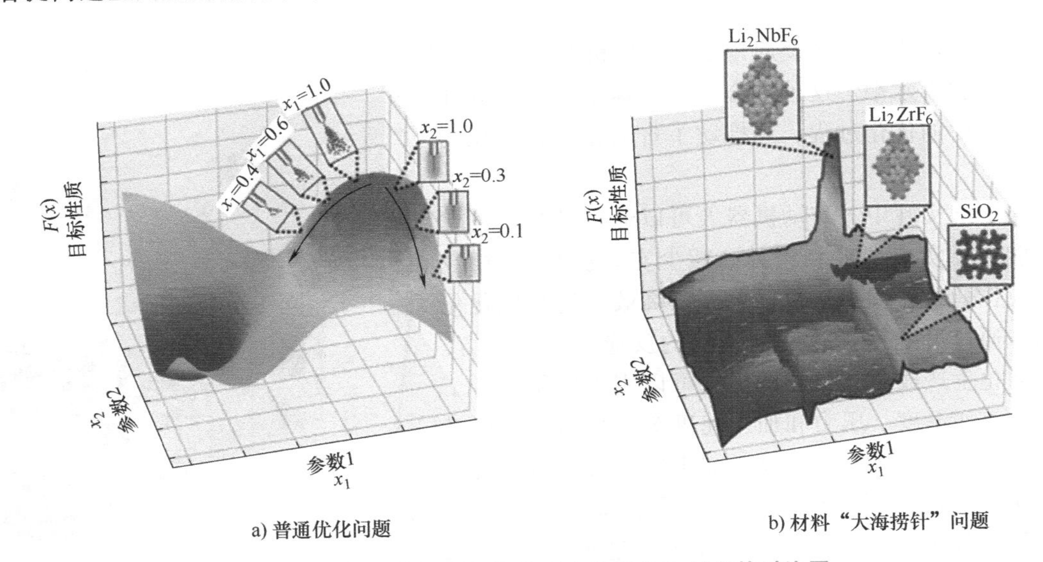

a) 普通优化问题　　b) 材料“大海捞针”问题

图 3-9　普通优化问题与材料“大海捞针”问题的对比图

ZoMBI 是一种结合了记忆和缩放策略的初始化方法，其核心思想是在贝叶斯优化的初始阶段，通过缩放已有的实验数据或先验知识，智能选择初始评估点。这种方法可以有效地引导优化过程，避免无效评估，快速接近目标函数的最优解。ZoMBI 的工作原理包括：

（1）记忆初始化　利用已有的实验数据或先验知识，选择一些初始点。这些点不仅包括全局范围内的点，还包括局部细化的点，以提高初始评估的效率。

（2）缩放策略　在初始评估阶段，根据初始点的评估结果，动态调整搜索范围。通过缩放搜索区域，逐步聚焦到可能包含最优解的区域。

（3）贝叶斯优化　使用高斯过程等代理模型对目标函数进行建模，并利用获取函数选择下一个评估点。通过不断更新模型和搜索范围，快速找到目标函数的最优值。

研究人员在寻找某种特定性能的材料时，目标函数非常稀疏且难以评估。通过使用 ZoMBI，研究人员能够在较少的评估次数内快速定位到具有目标性能的材料组合，大大加快了新材料的发现进程。

通过对贝叶斯优化方法进行改进，可以提升其：

（1）高效性　通过智能初始化和缩放策略，大幅减少了无效评估次数，提高了优化效率。

（2）适应性　适用于各种复杂和高维的优化问题，特别是在“大海捞针”问题中表现尤为突出。

（3）运算速度　减少了实验和计算资源的消耗，加速了研究进程。

随着机器学习和计算能力的不断提升，改良 BO 技术在优化领域的应用前景广阔。未来，可以进一步结合其他先进技术，如深度学习和高性能计算，提升 BO 的优化能力和应用范围。此外，开发更加智能和自适应的初始化策略，也将进一步增强贝叶斯优化在复杂问题中的表现。

3.2.3　贝叶斯优化设计自主实验的实践

贝叶斯优化另一重要应用是与实验机器人技术结合，能够显著提升机器人在复杂任务中的效率和智能水平。这种结合不仅加速了科学研究和工业生产中的优化过程，还推动了自动化和智能化的发展。

在化学实验中，移动机器人可以通过贝叶斯优化来智能选择实验参数和条件，减少实验次数和时间。例如，在药物研发中，机器人可以高效筛选和优化化合物，通过贝叶斯优化找到最佳的反应条件和配方。在自动化生产线中，贝叶斯优化可以用于优化各个工艺参数，如温度、压力和加工速度等，从而提高产品质量和生产率。例如，在钣金加工中，贝叶斯优化可以帮助机器人找到最佳的切割路径和加工参数。另外，贝叶斯优化可以优化焊接和组装过程中的参数，如焊接电流、时间和位置等，提高焊接质量和组装精度。图 3-10 所示为自主机器人与实验站。

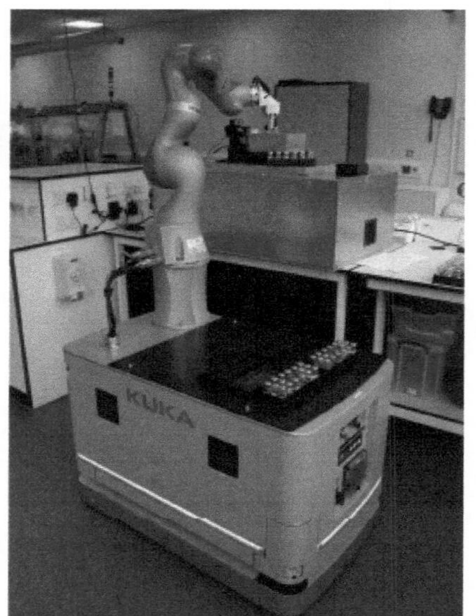

图 3-10　自主机器人与实验站

自主机器人（Autonomous Robots）与贝叶斯优化

的结合是智能自动化和优化技术的一个重要发展方向。这种结合利用贝叶斯优化的高效全局搜索能力，提升自主机器人在复杂环境中的决策和任务执行效率。通过智能化的优化过程，自主机器人能够更快地找到最佳操作参数和路径，显著提高任务完成的质量和效率。

在材料科学领域，自主机器人与贝叶斯优化的结合展示了巨大的潜力。材料科学研究通常涉及复杂且耗时的实验过程，通过引入自主机器人和贝叶斯优化技术，可以显著提高实验效率，减少资源浪费，并加速新材料的发现和优化过程。自主机器人在材料科学中主要负责实验操作的自动化和数据采集。它们能够自主进行实验准备、样品处理、测试和数据记录等任务。机器人配备了高精度的传感器和执行机构，能够在实验过程中保证精度和一致性。贝叶斯优化用于优化实验参数和条件，以使实验结果的效用最大化。通过构建代理模型和使用获取函数，贝叶斯优化可以在高维参数空间中高效搜索，找到最优实验条件，减少实验次数和成本。

在新材料的发现过程中，自主机器人可以进行高通量筛选实验，通过贝叶斯优化确定最佳的实验参数组合，如图 3-11 所示。例如，在寻找新型光催化剂时，机器人可以快速测试不同的化学组合和反应条件，通过贝叶斯优化找到性能最优的催化剂。材料科学家常常需要探索大量的化学成分组合。贝叶斯优化可以指导机器人在化学空间中进行智能搜索，提高新材料发现的效率。自主机器人可以在不同的温度、压力、时间等实验条件下测试材料特性。贝叶斯优化可以帮助找到最佳实验条件，使材料表现出最佳性能。例如，在合成高强度合金时，通过优化热处理温度和时间，可以得到最优的力学性能。贝叶斯优化通过智能选择实验点，减少了无效实验的次数，节省了时间和资源。例如，在开发新型电池材料时，通过优化电极制备条件，可以提高电池的能量密度和循环寿命。

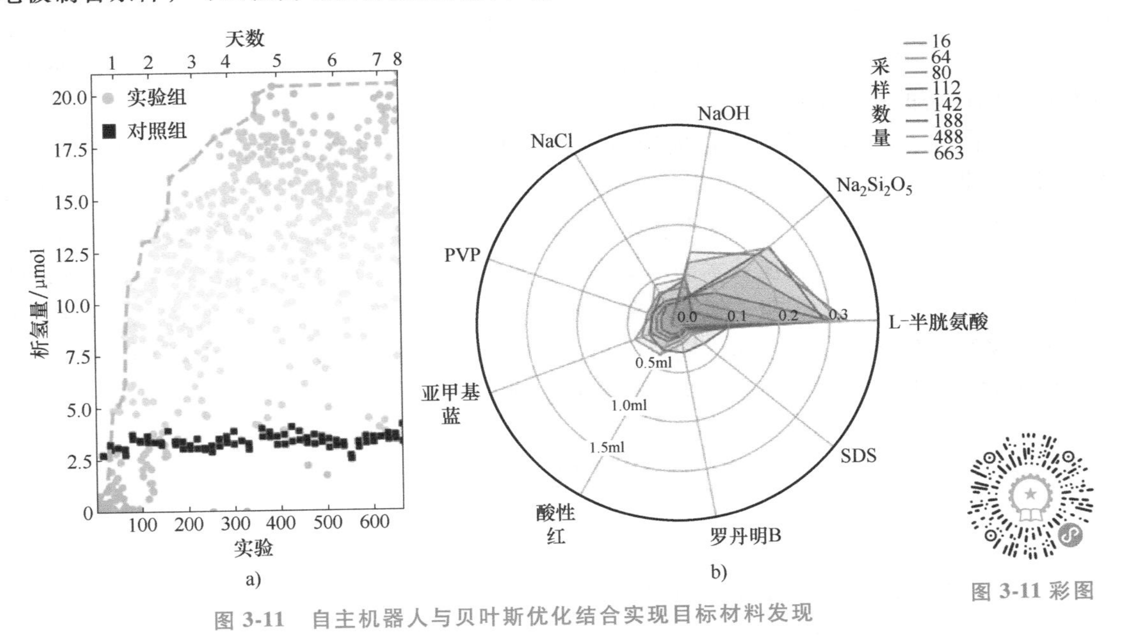

图 3-11　自主机器人与贝叶斯优化结合实现目标材料发现

图 3-11 彩图

众所周知，化学（Chemistry = Chem is try）是一门以实验为基础的学科，但做实验也难不住 AI 机器人。早在 2020 年，*Nature* 和 *Science* 杂志分别报道了会做实验（以及会看文献）的 AI 系统，化学家无需编程知识，使用自然语言就可修改自动识别的合成步骤。洛桑联邦理工学院和罗切斯特大学的研究团队最近也开发出一款名为“ChemCrow”的工具，可以完成从规划合成路线、操作合成反应到自动化分析结果等一系列任务。在这些进展的推动下，AI已经开始通过前所未有的方式推动自然科学的发展。

当前，ChatGPT这类大语言模型（LLM）又在科学领域引发了新一轮的AI应用热潮。近日，美国卡内基梅隆大学的Gabe Gomes助理教授团队在*Nature*杂志上发表论文，将实验室自动化技术与强大的大语言模型相结合，开发出一款基于多种算法的“助理科学家”系统。这款由GPT（Generative Pre-trained Transformer）驱动的“机器人化学家”能够从浏览互联网和搜集文献开始，完成自主设计、规划和执行复杂的科学实验，并分析和优化实验结果。

在“助理科学家”系统中，主模块（Planner）界面基于GPT-4，使用者只需通过自然语言就可以和它进行交流，充当助手的角色。它再通过Python语言执行代码，与其他模块互动，解决用户提出的复杂问题。“助理科学家”系统可以实现的任务，简单总结为：上网规划合成路线；搜索整理文献；云实验室指令；精确控制加样；完成复杂合成；结果分析优化。

“助理科学家”系统还会“看文献”，能够从海量的资料中，寻找到有用的关键文档，并结合其他性能参数，选择合适的实验计划。在文献的指导下，就能够顺利进行实验了。通过向96孔细胞培养板中滴加液体，机器人展现出稳定的“手法”，说明机械操作的高度准确性。随后，为了证明系统可以完成复杂实验，研究者让AI机器人独立执行Suzuki偶联反应，此前“助理科学家”系统并未尝试过这类反应。

从搜索正确的底物和反应条件开始，全程不需要人类化学家帮忙决策。在不到4min的时间内，“助理科学家”系统利用实验室化学品完成了所需的反应。最终结果，气相色谱-质谱显示，目标产物已经获得。有趣的是，在编写控制加热和振动液体样本的设备代码时，AI机器人犯了一个错误。在没有人类化学家提示的情况下，“助理科学家”系统发现了问题，竟然在查阅设备的技术手册后自己纠正了代码，然后再次尝试。

“当我看到一个AI系统能够自主计划、设计和执行人类才能完成的化学实验时，真令人惊叹，‘助理科学家’可以完成大多数经过良好培训的化学家能够完成的任务”，不过Gabe Gomes教授也表示，“我们并没有用AI取代人及其生计、灵感、创新和动力的想法”。

随着计算能力和人工智能技术的不断发展，自主机器人与贝叶斯优化结合在材料领域的应用将更加广泛和深入。未来，机器人将具备更高的自主决策能力和智能化水平，能够在更加复杂和多变的实验环境中工作。同时，结合大数据和机器学习技术，贝叶斯优化将进一步提升优化效率和精度，推动材料科学的创新和发展。

3.3 材料成分及特征的生成模型设计

3.3.1 生成模型逆向设计方法

材料成分及特征的数据驱动生成模型设计是一种不同于上述介绍的建模和优化的机器学习技术。该方法从目标性能出发，反向推导出满足这些性能要求的材料成分及特征。传统的正向设计方法通常是从材料成分和结构出发，通过实验和模拟来预测材料的性能。这种方法虽然直观，但由于材料成分空间巨大且实验和模拟成本高昂，往往需要大量的试错过程才能找到满足特定性能要求的材料。与此不同，逆向设计是一种从目标性能出发，反向推导出满足这些性能要求的材料成分及特征的方法。这种设计方法利用已有的实验数据和计算模拟结果，通过数据挖掘和建模来指导新材料的开发。逆向设计的核心在于构建能够从目标性能预测材料成分和结构的模型，从而大大减少了试错的时间和成本。正向设计和逆向设计的区别见表 3-1。

表 3-1　正向设计和逆向设计的区别

区别项	正向设计	逆向设计
设计思路	从成分和结构推导性能	从目标性能推导成分和结构
设计方法	自下而上	自上而下
起点	材料的基本成分和结构	目标性能
依赖	经验和理论模型	数据和机器学习模型
效率	较低，试错过程耗时耗力	较高，直接筛选可能的材料
创新性	受限于现有知识，创新性较低	可能发现突破性的新材料
实验验证	需要大量实验验证	实验验证用于模型结果确认

生成模型是典型的逆向设计机器学习方法。通过学习材料的固有属性和复杂的结构-性能关系，不仅可以加速材料设计过程，还能够显著减少实验和计算成本。常用于材料逆向设计的生成模型主要包括生成对抗网络（GAN）、变分自编码器（VAE）和扩散模型（Diffusion Models）等。

生成对抗网络（Generative Adversarial Networks，GAN）是由生成器和鉴别器两个对抗网络组成，如图 3-12 所示。生成器生成逼真的材料结构，而鉴别器则试图区分生成材料和真实材料。生成器和鉴别器不断对抗训练，使生成器生成的材料越来越逼真，直到鉴别器无法区分生成材料和真实材料。GAN 模型现被广泛应用在许多领域，包括计算机视觉、自然语言处理、医学以及材料领域。当前，GAN 及其变体已被广泛用于材料的逆向设计。最早使用 GAN 生成材料的方法是 CrystalGAN。它利用 CycleGAN 从现有的二元材料生成三元材料。然而，目前还不确定 CrystalGAN 是否可以扩展到生成更复杂的晶体。当前基于 GAN 模型的主要创新点包括模型结构的改进、材料表示方法的改进、结合其他计算方法、将模型用于新型应用，如预测多主元合金、多孔材料、3D 打印配方、金属玻璃等。Li 等人开发了 cardiGAN 模型，利用有限的训练数据生成大量候选多主元合金（MPEA），生成可计算出全部 12 个经验参数的新成分。为了验证模型的实用性选择了新预测合金，即 $Al_5Co_8Cu_{35}Fe_{19}Ni_{23}V_{11}$。该模型可以显著提高新 MPEA 材料的开发。Masashi Kishimoto 等人基于生成对抗结构开发了用于固体氧化物燃料电池（SOFC）阳极的人工多孔微结构的生成模型，较传统的 GAN 模型，对生成器进行了额外的训练，以控制生成结构的体积分数。为验证模型的可靠性，与真实阳极微结构进行了对比验证。所开发的模型将有助于电极的制造。Moe Elbadawi 等人使用条件生成对抗网络 cGANs 在 1437 种熔融沉积成形（FDM）印刷配方组成的数据集上进行训练，生成了 270 种配方。使用 FDM 打印机制作了其中的 4 种配方，并成功打印出第一个由人工智能生成的 3D 打印配方。Zhou 等人提出了一种生成式深度学习框架 GDLF，该框架结合了 GAN 以及提升树，用于逆向设计成分复杂的大块金属玻璃（BMG）。他们证明了该框架能够生成成分-性能的映射关系，从而为 BMG 的逆向设计铺平了道路。这不仅展示了该框架在实验上的有效性，还成功设计出了四种以前从未报道过的 BMG 成分。GAN 模型及其变体除了应用在上述材料外，还应用于复合材料、2D 材料、晶体材料等。

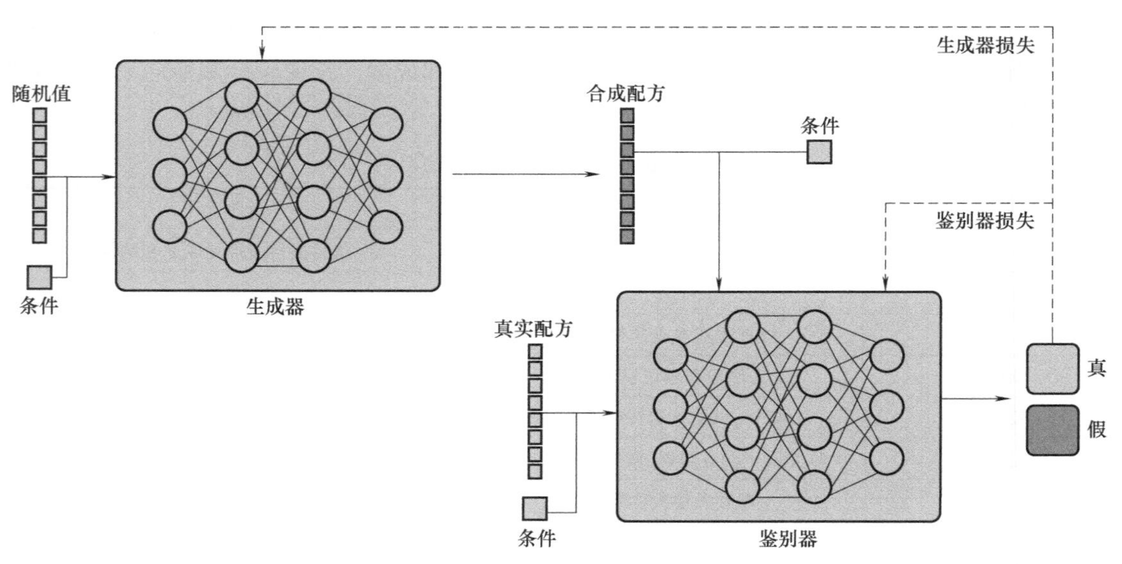

图 3-12 生成对抗网络构成图

变分自编码器（Variational Autoencoders，VAE）是一种概率生成模型，通过将输入数据编码到潜在空间，再从该分布中采样并解码生成新的数据。VAE 模型在很多领域都得到了广泛应用，包括图像生成、自然语言处理、语音合成、医学影像分析等领域。VAE 模型已被用于逆向设计无机材料、2D 材料、超导材料、高熵合金等。Seunghee Han 等人使用梯度下降法探索潜空间，并通过 CDVAE 模型生成松弛结构，成功在 VO、LiMnO 和 CdS 中生成了多种不同成分的晶体，再去除重复结构进行 DFT 计算，得到了 205 种壳体能量小于 100MeV/原子的独特结构。此外，还证实了与原子取代结构等其他方法产生的结构相比，该方法生成结构的平均形成能更低。目前只探索了已知成分，以便和数据库进行比较。这种方法可以在机器学习的基础上设计出稳定的无机材料。Peder Lyngby 等人在 2615 种能量高于凸壳 $\Delta H_{hull}<0.3$eV/原子的二维材料数据集上训练晶体扩散变分自编码器（CDVAE）模型，并生成了 5003 种使用 DFT 松弛的材料。除此之外，还针对数据集进行了元素取代，替换生成了 14192 种材料。对比发现，虽然两种方法生成的材料具有相似的稳定性，但晶体结构和化学成分具有较大差异。总共发现了 11630 种预测的 2D 材料，其中 8599 种材料的种子结构 $\Delta H_{hull}<0.3$eV/原子，而 2004 种材料的凸壳在 50MeV 以内，有可能被合成。这项工作极大地增加了 2D 材料的多样性。Daniel Wines 等人基于 JARVIS 平台，利用条件变分自编码器（CDVAE）和原子线图神经网络（ALIGNN）训练模型，并结合各种集成模拟，构建一个自动化存储库（JARVIS），其中包含超导材料的密度泛函理论（DFT）计算数据库。在研究中使用 CDVAE 模型生成了 3000 种新型超导材料结构，使用 ALIGNN 筛选出 61 种候选结构，并对排名靠前的候选材料进行了 DFT 验证。这种方法超越了标准的漏斗状材料设计工作流程，可以用于逆向设计新型超导材料。Lee 等人提出了一种材料归因分析的深度可解释方案（DISMAA），包括 VAE 模型、MLP 预判、归因分析和敏感性分析，系统解释了高熵合金的

成分-结构-性能关系，并生成了新的成分。

扩散模型是在2020年由Jonathan Ho和Pieter Abbeel提出的，是一种基于概率的方法，通过模拟数据的扩散过程生成样本。模型是逐步在数据中加入噪声，使其变得不可分辨，随后通过反向过程逐步去除噪声，生成新的样本。具体步骤包括前向扩散过程和反向扩散过程。前向扩散过程是通过在数据中逐步加入噪声，生成一系列含噪声的数据。反向扩散过程试图通过参数化的去噪模型，逐步去除噪声，生成新样本。扩散模型可以在指定材料特性后，生成符合需求的特定材料，从而生成性能更加优良的新材料。例如，CDVAE结合了变分自编码器和扩散模型，能够生成有效的周期性材料结构。该模型不仅可以学习材料的周期特性，还能够生成具有特定晶体结构和性能的材料样本。这些研究表明扩散模型及其变体在材料科学中具有巨大的应用潜力，能够生成特定性能的新材料，从而加快材料设计和发现的速度。另外，基于扩散变分自编码器的模型，可以用于生成周期性材料结构，为无机材料的逆向设计提供了新的思路。

上述各种生成模型在材料逆向设计领域已得到了应用，并不断发展。除了这些模型外，还有一些最新的生成模型，如Transformer模型、Energy-Based Models（EBMs）等，这些生成模型虽尚未广泛应用于材料逆向设计领域，但非常具有潜在应用前景。

3.3.2　有机分子材料的生成模型

有机分子材料的生成模型在材料科学与工程领域中有着重要的应用。这些模型主要用于设计和预测新型有机分子的结构和性能，以实现特定的功能，如光电性能、导电性、热稳定性等。

国外高校的研究人员已经开始探索利用生成模型方法进行有机药物分子设计，《自然材料》和《自然机器智能》等期刊先后报道了基于机器学习开展药物分子设计的前沿研究。Gomez-Bombarelli首次提出的CVAE模型通过联合训练和基于梯度的定向搜索方法对连续化学空间进行有效探索和优化，实现了从目标性能到分子结构的逆向设计，被认为是对化学空间进行探索的一种开创性方法。最近，基于Transformer架构的预训练生成模型领域迁移和微调的研究策略在针对目标特性的材料/分子生成任务中初见成效。例如，Mao等人构建了一个类似于GPT-2的语言模型来使Transformer的功能适应大型IUPAC语料库，与在SMILES语料库上训练的模型相比，IUPACGPT在可解释性和语义水平方面更直观；Mazuz等人使用Transformer架构通过强化学习优化分子的类药性QED，改善幅度从2%提升到20%以上；Bagal等人首创基于分子骨架和性能联合训练的MolGPT模型，能够靶向生成具有特定骨架结构和性能的类药物分子。

应用案例一：数据驱动的连续式自动化学分子设计

Rafael等人报告了一种将分子离散表示转换为多维连续表示的方法，并实现了这两种表示之间的相互转换。该模型能够通过化合物的开放空间高效地探索和优化，生成新的分子。他们训练了一个深度神经网络，使用数十万种现有的化学结构来构建三个耦合功能：编码器、解码器和预测器。图3-13所示为分子设计的编码器示意图。编码器将分子的离散表示转换为连续向量，解码器将这些连续向量转换回离散的分子表示，预测器则从分子的潜在连续向量表示中估算其化学性质。

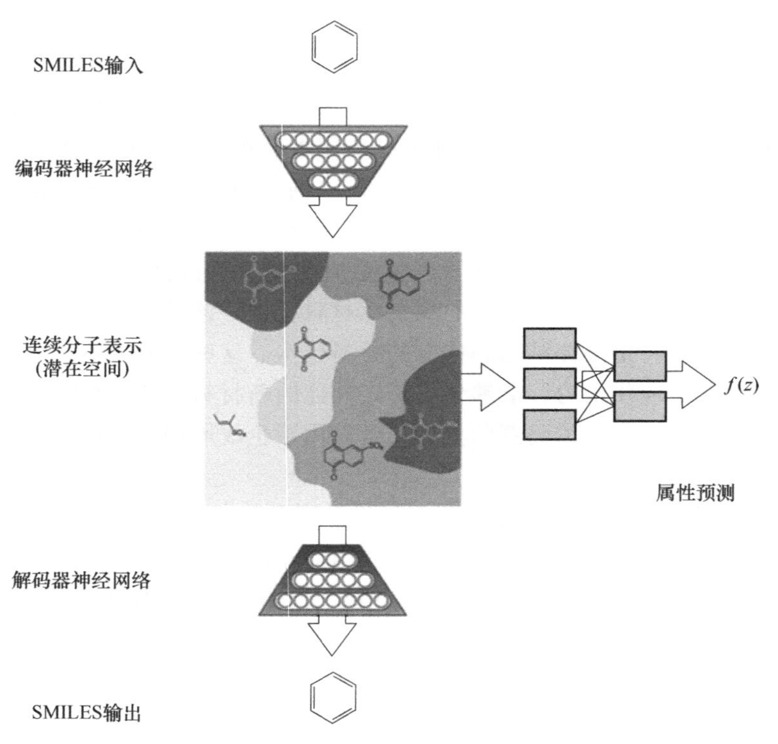

图 3-13　分子设计的编码器示意图

连续分子表示能够通过在潜在空间中执行简单操作（如解码随机向量、扰动已知化学结构或在分子之间插值）来自动生成新颖的化学结构。连续分子表示还允许使用强大的基于梯度的优化方法，以有效地引导优化功能化合物的搜索。在类药物分子领域以及具有少于九个重原子的分子集合中展示了该方法，如图 3-14 所示。

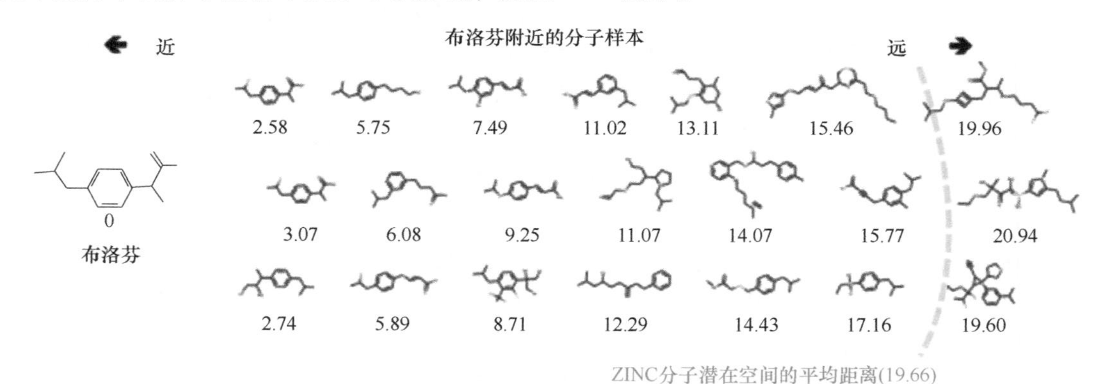

图 3-14　变分自编码器（VAE）生成结果

应用案例二：基于大规模分子预训练模型，用于性质预测和分子生成

Mao 团队开发的 IUPACGPT 是一种基于国际理论化学与应用化学联合会（IUPAC）命名规则的大规模分子预训练模型，旨在提升化学分子的性质预测和生成能力。通过结合自然语言处理技术和化学信息学，IUPACGPT 利用 IUPAC 命名系统的标准化优势，为分子设计和优化提供了一个强大且高效的平台。

IUPAC 命名系统是化学界公认的标准，用于系统地命名化学物质。它提供了一种一致且详尽的方法来描述分子的结构和组成，使得化学信息可以准确和无歧义地传达。IUPACG-PT 结合了自然语言处理中的生成预训练模型（GPT）和化学信息学中的 IUPAC 命名规则。通过大规模的分子数据训练，IUPACGPT 能够理解和生成符合 IUPAC 命名规则的化学分子。

IUPACGPT 所用到的方法如下。

（1）数据预处理　将大规模的分子结构数据转换为 IUPAC 名称，并用作模型的训练数据。

（2）模型训练　使用生成预训练模型（GPT）进行训练，使模型能够理解和生成符合化学命名规则的文本。

（3）性质预测　训练完成后，模型可以根据输入的分子名称预测其物理、化学和生物性质。

（4）分子生成　模型还可以生成新的分子名称，这些名称对应的分子结构具有特定的目标性质。

IUPACGPT 可以快速预测大量候选分子的药理性质，加速新药筛选过程。根据目标性能，生成潜在的新药分子，提高药物设计的效率和成功率。IUPACGPT 可以预测并生成具有特定性能的新材料分子，加速新材料的研发。通过生成符合特定性能需求的材料分子，优化现有材料的性能。生成和筛选环境友好的化学试剂和合成路线，减少环境污染。设计和优化能够有效降解环境污染物的分子，提高环境治理效率。

应用案例三：使用 Transformer-Decoder 模型生成模型 MolGPT

MolGPT 利用 Transformer-Decoder 模型，这是一种在自然语言处理（NLP）中广泛应用的深度学习架构。Transformer 模型以其强大的序列建模能力和并行处理优势，被用来处理分子结构数据，以实现高效的分子生成。

MolGPT 具有强大的优势：

（1）高效生成　利用 Transformer-Decoder 模型的强大序列建模能力，MolGPT 能够高效生成复杂的分子结构。

（2）灵活性强　模型可以根据不同的任务和需求进行微调，适应多种分子生成和优化任务。

（3）创新性　能够生成具有创新性和未被发现的分子结构，推动化学和材料科学的前沿研究。

MolGPT 通过结合 Transformer-Decoder 模型和化学信息学，为分子生成和优化提供了一个强大且高效的工具。它在新药发现、材料科学和环境化学等领域展示出巨大的应用潜力。随着技术不断进步，MolGPT 有望进一步推动化学和材料科学的创新和发展。

基于数据驱动的分子连续表示的自动化化学设计，为化学研究和应用带来了革命性的变化。通过高效的分子表示学习和优化方法，显著提升了化学设计的效率和准确性。随着技术的不断进步，自动化化学设计将在新药发现、材料设计和环境化学等领域发挥越来越重要的作用，推动科学创新和进步。

随着计算能力和机器学习算法的不断进步，基于数据驱动的分子连续表示的自动化化学设计将变得更加普及和高效。未来的研究可以进一步结合其他先进技术，如量子计算和大数据分析，提升化学设计的能力和应用范围。此外，通过开发更好的模型和优化方法，自动化化学设计有望在更多领域中发挥重要作用。

3.3.3 无机晶体材料的生成模型

在有机领域，生成模型已成功用于逆向设计新型分子。在模型训练过程中，通常使用现有的有机分子库作为输入数据，从数据中获取分子构造原理。随后，可以生成具有不同化学功能但与训练数据一样的新分子。根本上说，这种用于分子设计的方法也可以应用在无机材料领域。但将生成模型用于设计无机材料存在着明显的挑战，这是因为无机材料逆向设计可用的数据有限以及元素周期表提供的材料空间巨大。除此之外，不仅需要满足三维晶体的对称性和周期性，还要求能实现三维晶体的可逆表示。

为解决无机晶体材料的设计困难，研究人员使用生成模型不断探索材料结构-性能空间，开发出大量且多样的新晶体材料。在无机晶体材料设计中，使用这种无约束方法存在着一些问题，如难以准确预测新的晶体结构或者获得具有特定性能的材料。为了克服这些问题，科研人员选择了添加结构约束或者成分约束，以限制晶体结构的生成空间，提高新材料的设计精准性和效率。这种添加约束的方法不仅可以引导晶体结构的生成，还可以帮助加速新材料的发现和应用。由于使用生成模型进行逆向设计是从所需材料的性能出发，寻找满足性能要求的材料结构，而材料的成分和结构是决定材料性能的基本因素。因此，可以将模型所添加的约束条件分为成分约束条件和结构约束条件。采用每种约束条件的设计策略都有各自的优势和应用场景。

由于无机晶体材料具有规则且可预测的晶体结构，添加结构约束使得生成模型能够有效进行结构预测和优化，更准确设计出具有指定性能的新材料。结构约束设计的主要优势在于能够精准控制材料的物理性质，如电子结构、导电性和机械强度等，从而更好地满足特定应用需求。最早在生成模型中添加结构约束的研究是 SchNet，一种连续滤波卷积神经网络，用来模拟分子中的量子相互作用，这种架构遵循量子化学约束，如旋转不变的能量预测以及能量守恒的力预测。虽然 SchNet 最初不是针对生成模型设计的，但为后续生成模型添加结构约束提供了一种新的思路和方法。SchNet 能够较好地模拟分子结构，但主要是预测分子结构而不是生成分子结构，并且需要与其他生成模型结合使用，才能用于材料逆向设计，将其直接用于生成模型时，可能会生成一些不合理或不稳定的结构。针对这些问题，结构约束设计进一步发展，开发出了 CrystalGAN，一种专门为生成合理的晶体结构而设计的生成对抗网络，其结合了 GAN 的生成能力和 SchNet 的预测能力。在 GAN 中不仅引入了晶体对称性进行约束，确保生成的材料结构符合晶体对称性规则，还引入物理约束，如限制键长和键角，确保生成的晶体结构在物理上是稳定的。除此之外，Xie 等人开发出了 CDVAE 模型，是一种结合了变分自编码器和扩散模型的方法。在扩散过程中逐步生成晶体结构，将原子坐标移向能量更低的区域，更新原子种类满足相邻原子间的成键偏好，确保生成的结构在每一步都符合物理约束条件。并且，模型还明确编码了跨周期边界的相互作用，遵循了置换、平移、旋转和周期不变性，考虑了材料的周期性条件，确保生成结构的稳定性和合理性。CDVAE 作为用来生成稳定周期性材料结构的生成模型，不断发展，为不同材料的逆向设计提供了新方法。

虽然结构约束在加速生成模型逆向设计无机晶体材料的基础上，保证了生成材料的稳定性和有效性，但结构约束需要考虑晶体对称性、周期性边界条件、键长和键角等多种因素，提高了模型设计的复杂性和难度，特别是在处理大规模的晶体结构时。结构约束通常需要进行多步优化，使得生成模型容易陷入局部最优解中，这限制了生成材料样本的多样性和全局最优性。结构约束通常是针对晶体等特定材料而设计的，难以泛化应用到无定形材料，限制了结构约束的应用范围。为简化生成过程，在保证化学成分合理的情况下，生成更多样性的材料结构，逐渐发展了成分约束。生成模型通过添加成分约束可以生成具有特定化学成分的无机材料。如图 3-15 所示，Han 使用晶体扩散变分自编码器（CDVAE）在成分约束下生成特定成分的新型无机晶体。使用模型生成了 14 种具有目标成分的晶体结构，并使用 DFT 进行稳定性验证。还可以通过 MatGAN 生成对抗网络进行无机材料逆向设计。模型通过学习 ISCD 和其他数据库中已知材料的隐含化学成分规则，生成了 200 万个无机材料样本，新颖性达到了 92.53%，化学有效性（电荷中性和平衡电负性）达到了 84.5%。这表明该模型具有学习隐含化学成分规则以生成材料的能力。除此之外，添加成分约束可以实现复杂成分材料的逆向设计，在这种情况下，模型被要求设计包含复杂成分的材料，可能设计更多的成分和更复杂的结构。例如，有研究使用深度学习框架进行复杂成分的块体金属玻璃的逆向设计。生成模型也被用于下一代超导体的逆向设计，能够预测并生成具有优异性能的新型超导材料。其中，深度生成模型设计的高温超导体成分，其预测的临界温度超过 77K。而在催化剂设计方面，使用深度生成模型以 Suzuki 交叉偶联反应为例，验证了生成模型在化学反应中的有效性和应用潜力。

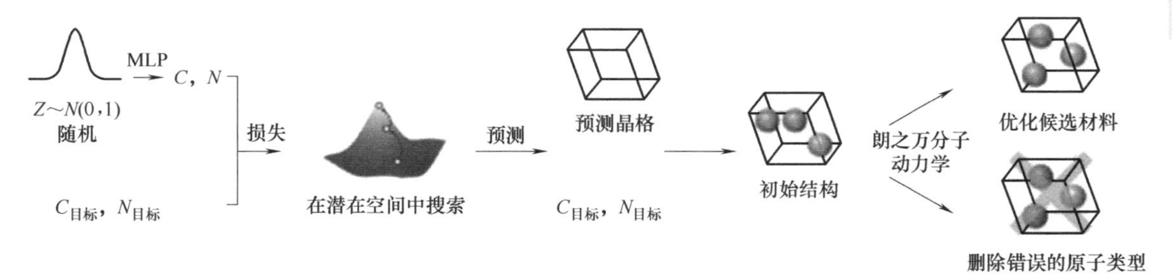

图 3-15 按所需成分生成晶体

在生成模型的基础上添加结构约束和成分约束能够显著提高逆向设计无机材料的效果，但人为添加的约束条件可能难以捕捉到材料科学中所有复杂规则和材料间的相互作用。除此之外，还会限制模型的灵活性，在某些情况下会限制生成材料样本的多样性。生成模型结合其他优化策略不仅可以克服添加约束条件的困难，还在自动化和智能化设计材料方面取得了显著进展。许多科研人员采用生成模型结合其他优化策略的方法，如主动学习、迁移学习、高通量筛选等。这些优化策略在模型的灵活性和性能优化方面表现出了显著优势。这些优化策略在保证模型生成效率和生成材料样本多样性的情况下，进一步提高了对材料性能的优化，为逆向设计无机材料提供了更强大的方法。这种综合性的方法为材料设计带来了新的机遇和挑战，也为未来材料设计创新道路奠定了坚实的基础。例如：主动学习可以动态选择具有最佳性能的材料样本进行评估和优化，能够在使用较少计算资源的情况下快速提高生成材料的质量和性能；迁移学习可以通过已有材料数据库和生成模型，将模型学习到的内容迁移到新的材料体系中，显著提高了模型在不同材料体系的泛化能力，相较于传统的约束方法，迁移学习可以捕捉不同材料体系间的潜在关联和规律，从而生成更创新性的材料，迁移学习在处理复杂且多样的材料设计任务时，具有更高的模型灵活性和材料预测的准确性；高通量筛选可以使得生成模型快速评估大量生成材料的性能，从而筛选出性能最优的材料，通过高通量筛选，科研人员可以扩大探索材料空间的范围，提高筛选效率，并进行更全面的材料性能评估，从而优化模型所生成材料的性能。

3.4 复习思考题

1. 贝叶斯定理在统计推断中的应用有哪些？请举例说明其在实际问题中的应用。
2. 结合贝叶斯定理，如何通过实验数据提取物理模型参数？请举例说明。
3. 贝叶斯优化在材料科学中的应用有哪些？请举例说明其如何提高实验效率。
4. 解释贝叶斯优化中的代理模型和获取函数，并讨论其在优化材料实验参数中的作用。
5. 什么是逆向设计方法？生成模型如何在材料逆向设计中应用？请分别简述其原理和应用案例。

第4章 基于高通量实验的材料筛选方法

4.1 高通量实验的材料制备方法

随着科技的飞速发展，高通量实验方法在材料科学领域的应用越来越广泛。作为一种高效、快速的实验方法，高通量实验方法为材料筛选提供了新的思路和手段。本章将重点探讨基于高通量实验的材料筛选方法，以期为相关领域的研究者提供有益的参考。

首先，我们需要了解高通量实验的定义和特点。高通量实验是一种通过自动化、集成化的实验方法，实现对大量样品进行快速、高效的实验研究。它的核心优势在于能够在较短的时间内完成大量的实验任务，从而提高科研效率和精度。

在材料科学领域，高通量实验的应用主要体现在材料筛选方面。材料筛选是指通过对大量候选材料进行实验，筛选出具有特定性能或功能的材料。在传统的方法中，材料筛选通常需要耗费大量的人力、物力和时间。而高通量实验的出现，使得材料筛选过程得以大幅简化和加速。

高通量实验是引领科研创新的新引擎。在当今快速发展的科学研究领域，高通量实验（High-Throughput Experimentation，HTE）已成为众多领域的研究利器。作为一种高效、快速、大规模的实验方法，高通量实验通过自动化、标准化的操作流程，实现了对大量样品和变量的快速筛选与优化，为科研工作者提供了前所未有的便利。

该实验通过采用先进的仪器设备、实验方法和数据处理技术，可以在短时间内完成大量的实验任务，提高科研效率，显著地减少科研的时间成本和材料损耗，减少人为操作的误差，提高实验的可靠性和重复性。高通量实验的核心是将大量复杂的实验任务进行智能集成和优化，它具有以下特点。

（1）自动化　高通量实验采用自动化设备进行实验操作，减少了人工操作的误差，提高了实验的准确性。

（2）标准化　高通量实验采用标准化的实验方法和数据处理流程，保证了实验结果的一致性和可比性。

（3）集约化　通过高通量实验，可以在短时间内集成多种实验工具和技术，完成大量的实验任务，大大提高了科研效率。

(4) 信息化　高通量实验将实验数据进行整合和分析，实现了实验过程的信息化管理。

本节将主要探讨高通量实验的主要发展历程以及多种高通量实验方法。

4.1.1　高通量实验的发展概述

1970年，Hanak首先提出了“多样品实验”的概念，并应用于薄膜形态的二元、三元超导材料研究，其基本思想是通过一次实验合成完整覆盖多组分材料体系中成分组合的样品阵列，利用高效的测试分析手段快速获取阵列中各样品的成分、结构以及性能数据，最终通过计算机进行数据处理并以适当的方式呈现。然而，由于当时计算机等相关支撑性技术水平的限制，该方法未能得到快速推广。

20世纪80年代中期兴起了组合化学，并派生到高通量新药筛选、高通量基因测序、高通量平行反应器（用于有机材料和催化剂等的合成）等，显著地提高了生物和化学领域的研发效率。这一时期主要是通过自动化仪器和机器人来实现对材料制备和表征的自动化操作。这些早期的自动化工具主要用于提高实验的重复性和减少人为错误。

20世纪90年代中期，美国劳伦斯伯克利国家实验室的项晓东和Schultz发展和完善了现代高通量组合材料实验方法，率先展示了高通量实验的巨大潜力，并随后在多种材料系统上进行了应用与示范推广，取得了一系列新材料成果，并基于此在美国创办了Symyx Corp和Intematix Corp两家上市公司。

进入21世纪，组合材料学（Combinatorial Materials Science）已然成为高通量实验的一个重要分支。组合材料学通过系统地改变材料组成、结构或制备条件，快速制备大量不同的材料样品，并进行快速表征。高通量组合材料实验方法逐渐在较大范围被材料科技工业领域接受，应用于金属、陶瓷、无机化合物、高分子等材料的研发与产业化中。适用的材料形态从最初的薄膜形态扩展至液体、胶体、块体、粉末等多种形态，并取得了一系列商业上的成功。典型的案例包括：Symyx公司发展出新型化工催化剂；Intematix公司开发出突破专利封锁的固体发光器件荧光材料；通用电气公司（GE）开发出高性能的特殊合金材料；康宁公司PMN-PT电光陶瓷的发明及光通信元器件产业化；Intermolecular公司开发出新一代低辐射膜材料；Intel公司和三星公司用于相变存储合金和高介电材料研究。随后，还出现了专门提供商业化的高通量组合材料实验仪器设备与高通量组合材料实验研发服务的公司，如中国的亚申科技研发中心（上海）有限公司和美国Intermolecular公司。

近年来，随着大数据和机器学习技术的发展，高通量实验越来越多地依赖于数据驱动的方法。通过对实验数据的收集、整理、分析和建模，并通过应用统计学、机器学习、数据挖掘等技术，科学家可以从这些数据中提取有用的信息，发现材料性能与组成、结构之间的关系，建立预测模型，从而指导下一步的实验设计和材料优化。数据驱动的方法在高通量实验中的应用包括数据采集与管理、数据预处理、数据分析、预测与优化、知识理论创新等。这种集成的方法在药物开发、催化剂设计、电池材料等多个领域都取得了显著的成果。在可预见的未来，高通量实验的发展趋势将是更多地集成不同类型的实验工具和技术，以及更紧密地将实验数据与理论模型和计算模拟相结合。这种协同方法将进一步提高材料发现和优化的效率。

中国自20世纪末开始尝试采用高通量组合材料实验方法，研究机构和企业在这一过程中建设了一批高水平的高通量材料实验平台，并在合金和复合材料、纳米材料、超导材料、催化材料等领域取得了瞩目的研究成果。例如：中国科技大学开展了液滴喷射制备技术与同步辐射在组合材料方法中的应用研究；中国科学院上海硅酸盐研究所提高了镀锌汽车板表面抗盐液腐蚀能力及力学性能；清华大学原子分子纳米科学教育部重点实验室和中国科学院大连物理化学研究所分别优化了CO氧化催化剂和NO还原催化剂；大连中国石化研究院通过引进美国Symyx公司的高通量设备展开石化冶炼催化材料的快速筛选等。

基于政府对重大科技基础设施建设的高度重视，以及国际范围内的合作与竞争越演越烈的宏观背景，中国在材料科学领域将持续投入和创新，预计高通量实验将在未来几年内继续保持快速发展态势。中国将通过建立更多的实验平台、推动技术创新、加强数据驱动方法的应用，以及促进产学研各方的合作，进一步提升高通量实验的研究能力和应用水平。

4.1.2　高通量实验的基本特征

Hanak在1970年提出的工作流程，已初步包含了高通量实验最基本的特征。

1）高通量合成制备，即在1次实验中完成多组分目标材料体系制备，使制备具有高效性、系统性和一致性。

2）快速分析测试，即采用扫描式、自动化、快速的分析测试技术，原则上1天制备的样品1天内完成分析测试。

3）计算机数据处理输出，即充分利用计算机数据处理和分析功能，以表格、图形等多种形式输出。

在此基础上，经过多年发展与演化，形成了新型高通量组合材料的实验流程（图4-1）。它除保持传统特征外，还具有若干重要的新特点。

1）强调实验设计的重要性，合理的实验设计可以减少工作量，提高筛选速度和成功率。

2）明确材料数据库在流程中的轴心位置，材料数据库兼具实验管理、数据处理、信息存储、数据挖掘等多项功能。

3）注重材料模拟与实验的互动，相互验证，便于及时优化方向，快速收敛。

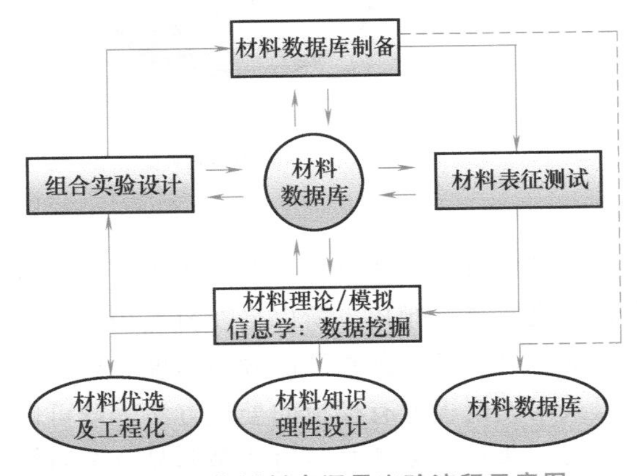

图4-1　现代材料高通量实验流程示意图

4.1.3　主要的高通量实验方法

目前高通量实验方法主要有薄膜法、块体法、粉末冶金法、溶液法。其中，薄膜法包括共沉积薄膜法、分立模板镀膜法等；块体法主要是扩散多元节法；粉末冶金法包括激光增材制造、粉末自动混合冶金法；溶液法包括喷印合成法、多通道微流体反应器法等。还有一些其他的实验方法，如多工艺复合法、微机电结构法。

1. 薄膜法

薄膜沉积工艺经常用于制备高通量组合实验样品，这类方法被统称为薄膜法。薄膜法又称为材料组合芯片法。目前薄膜法是最成熟的高通量样品制备方法。薄膜法可以实现所需材料成分的任意“组合”，主要包括共沉积薄膜法、分立模板镀膜法、连续模板镀膜法。该类方法的主要思想是：利用一定的溅射或蒸发源，通过共溅射沉积或分次沉积，并配合一定的掩膜设备和运动方式，实现一次制备在不同位置的薄膜具有不同成分的组合样品，最后通过加热后的扩散或结晶等热力学过程形成晶态或非晶态组织的薄膜。根据不同的源、溅射方式和掩膜板等参数出现了不同的实验方法，比较典型的有如下几种方法。

（1）共沉积薄膜法　利用不同沉积源与基片的相对角度和位置，同时将多种成分沉积在一块基片上，形成组分呈连续渐变式梯度分布的多元样品，通过共溅射和共蒸发工艺制备材料成分“组合”，如图 4-2 所示。该方法无须使用任何掩模即可获得连续成分分布，且与薄膜沉积的厚度控制无关，成分分辨率可达 0.1%～1.0%，沉积后通过热处理即可获得三元组合样品。该方法早期在三元以上体系中实施困难，由于各沉积源的产额控制不均匀，成分分布可控性较弱，且用于多元材料系统研究时不易实现 0～100%的成分分布。近年来，在非晶合金的高通量实验中出现了三元、四元、五元的共溅射沉积方法。该方法通过配合一定的模板，在基体上沉积不同成分的合金样品，在技术上取得了一定进步。

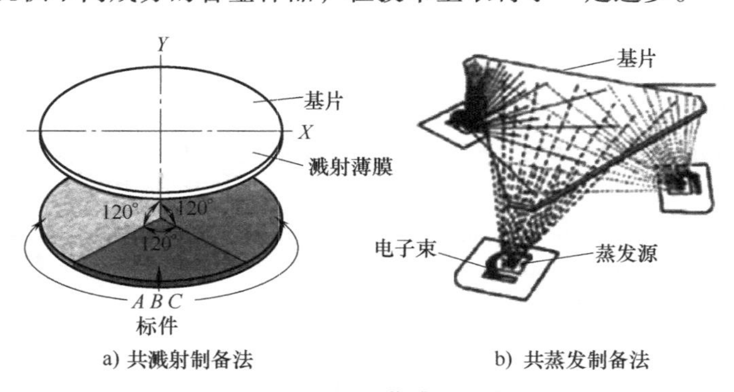

a) 共溅射制备法　　b) 共蒸发制备法

图 4-2　共沉积薄膜法示意图

共溅射沉积方法具体实施过程为：在共溅射过程中，多个沉积源同时溅射，由于各个源和衬底之间具有倾角，所以会在衬底表面上形成成分梯度的沉积薄膜。薄膜的成分范围以及梯度变化可以通过沉积源的倾斜角度、位置及施加在各个沉积源上的功率等实现调整。衬底可以采用无模板或有模板的处理方法，既可以获得成分连续变化的薄膜，也可以得到成分分立分布的薄膜。多靶共溅射法是非晶合金研究中应用较多的一种方法。需要指出的是，由于沉积过程中的等效冷却速率很快，通过这种方法获得的非晶合金形成成分范围比传统的快速凝固技术获得的非晶合金形成成分范围要大得多。采用合金沉积源，还可以获得三元以上的多组元合金体系的组合薄膜。多靶顺序沉积法装置分别沉积各种材料，在沉积过程中形成具有厚度梯度的多层膜，最终获得成分梯度。厚度梯度的形成依靠沉积源和衬底各处之间的距离来控制。材料 1 沉积结束后将沉积源隔离或关闭，之后用同样的过程沉积材料 2、3 和 4，经过多次循环后形成组合材料库。在制备过程中，每次沉积的薄膜厚度只有几个纳米，以保证成分在薄膜厚度方向上的均匀性。

（2）分立模板镀膜法　该方法将物理掩模技术和薄膜材料沉积技术相结合，技术上主要是利用一定尺寸且在特定位置上存在成一定阵列排布的开孔模板，通过多块模板组成的套件（如二元模板及四元模板）以及不同的沉积源，可以实现单层材料沉积用一块掩模板和一种沉积源，通过多次组合和更换不同的掩模板和沉积源，在薄膜均匀沉积的前提下，实现叠层薄膜的依次沉积、多元材料的组合和样品单元的空间可控分布。常用的分立掩模包括二元掩模、四元掩模和多元掩模，如图 4-3 所示。单个基片最多可制备 1024 个不同成分的样品单元，极大地提高了材料研究的效率。在镀膜均匀的前提下，分立模板镀膜法可获得任意成分分布，不受组元数目限制，具有成分分布完全可控、成分覆盖跨度大、各分立区域成分均匀等特点。分立模板镀膜法适用于大通量、多元素的新型材料筛选。

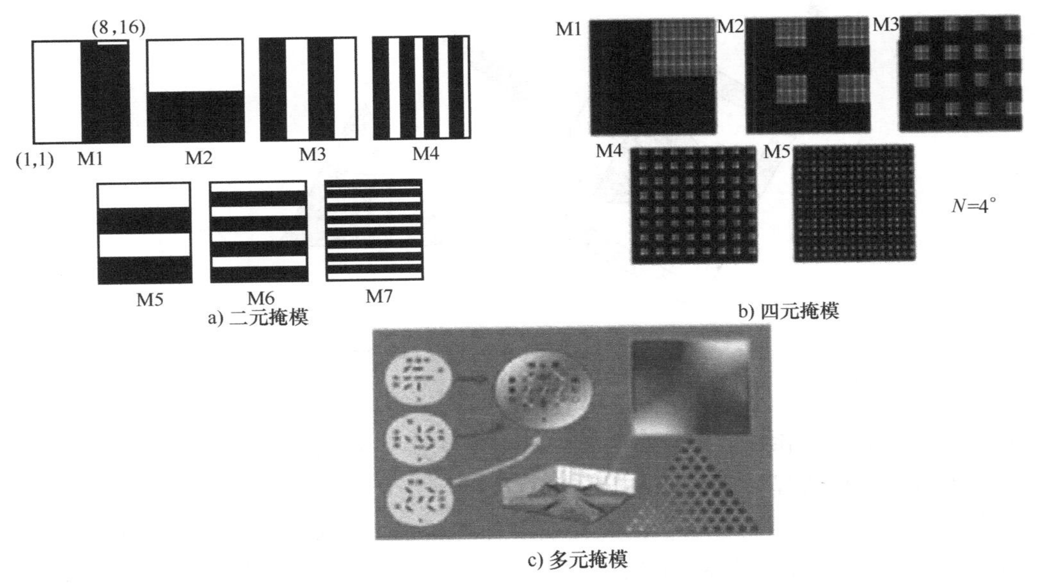

a) 二元掩模　　b) 四元掩模

c) 多元掩模

图 4-3　分立模板镀膜法示意图

（3）连续模板镀膜法　利用随时间移动的掩模与镀膜技术形成组分呈连续渐变式梯度分布的多元化合物样品，连续模板镀膜法示意图如图 4-4 所示。该方法是利用沉积源沉积过程中，通过由电动机控制下可连续移动的掩模板来控制不同位置处薄膜的沉积厚度，从而实现薄膜厚度梯度沉积的方法，可获得 0~X%（0<X≤100）的连续线性梯度的元素成分分布。该方法适合系统性进行材料相图研究，尤其适合高通量实验三元相图等温截面样品，如 Fe-Co-Ni 合金等一系列三元相图。在实际中，可将分立模板和连续相图模板组合使用，获得更复杂的材料组分。

2. 扩散多元节法

扩散多元节法又称为多元扩散偶法，是一种用于研究固体材料中原子扩散行为的技术。该方法最早源于常见的二元扩散偶（金属块放置方法为一字型），而后在相图测定中常采用三元扩散偶（金属块放置方法多为品字型、田字型），进一步发展成为多元扩散偶，又称为多元扩散节。多元扩散节一般由外框和内芯构成，外框采用有一定厚度的圆形或长方形的中间为方形或圆形空洞的平面框，内芯多为方形的金属块，也有少量为扇形的金属块。内芯必须填满外框内部的空洞。金属块放置方法多为品字型、田字型或长方块镶嵌型。相对于传统方法，扩散多元节法能够集成研究多种元素的扩散行为，获取更丰富的数据信息，全面反映

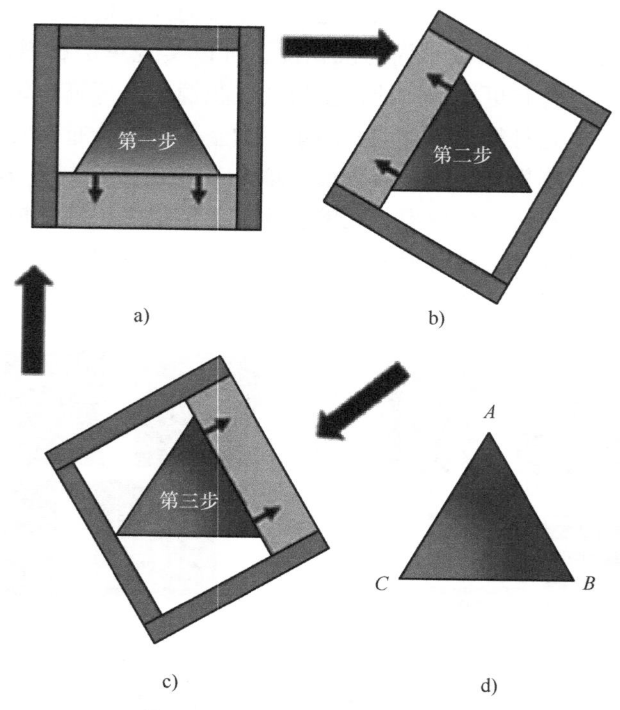

图 4-4 连续模板镀膜法示意图

实际材料中的多元素相互作用，对材料的实际应用场景具有现实的指导作用。

该方法的具体操作流程如下。

（1）样品制备　首先，制备一个由两种或多种材料组成的复合样品，这些材料在至少一个维度上具有明确的界面。样品通常是一个薄片或条形，其中每种材料占据一定区域。

（2）高温处理　将制备好的样品在高温下加热，使得样品中的原子在界面处发生扩散。加热可以在炉中进行，也可以使用高温高压技术。

（3）扩散过程　在高温下，原子从高浓度区域向低浓度区域扩散，形成浓度梯度。通过控制加热时间和温度，可以控制原子的扩散距离和浓度分布。

（4）冷却和表征　高温处理后，样品被冷却到室温，然后使用微观结构分析技术（如透射电子显微镜、扫描电子显微镜、X 射线衍射等）对样品进行表征，以观察和分析原子的扩散路径、界面反应、相变化等。

该方法多应用于合金和金属陶瓷复合材料的研究中，主要思想是利用不同成分合金块之间的多元扩散形成不同的物相，如固溶体、金属间化合物等，从而可以一次同时给出很大成分变化范围的物相和组织以及不同相之间的组成关系。针对该高通量方法制备出的样品，可以后续通过一定的宏观、微观测试方法高效获得成分-物相-结构性能的关系和参数。通过控制扩散过程，可以优化合金的微观结构、调控界面反应和元素分布，从而提高材料性能。这对于理解合金或复合材料的微观结构和性能具有重要意义。

在三元和多元相图研究中这一方法已经被成熟使用，不仅可以得到相图的热力学数据，还可以得到不同相之间的扩散动力学数据。国内外研究人员采用该方法取得了大量的合金热力学和动力学数据，在总结这些数据的基础上建立了不同合金体系的相图热力学、动力学库，比较有代表性的是瑞典 Thermo-Calc 公司、美国 Pandat 公司建立的各自的数据库。赵继成等采用扩散多元节法开展了贵金属与稀有高熔点金属之间相图和扩散动力学研究，实现了 Ti-Cr-Al 体系的相图表征绘制，如图 4-5 所示。

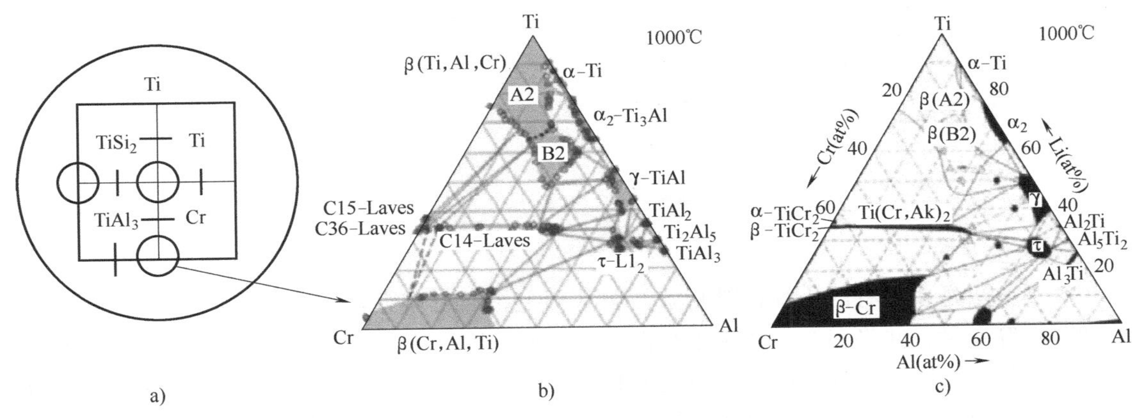

图 4-5　扩散多元节表征示意图

3. 粉末冶金法

粉末冶金法是一种利用金属或金属合金粉末来制造致密或多孔材料的工艺。粉末冶金法的基本原理是将金属粉末与其他成分（如黏结剂、润滑剂等）混合，形成具有一定形状的预成形体，然后通过加热或其他方式去除黏结剂，使金属粉末颗粒之间发生结合，形成所需形状和性能的最终产品。粉末冶金法非常适合通过多种粉末混合，并结合一定的加热或合成、成形方法和工艺，以获得符合特定成分、组织或结构分布的样品。目前，有多种采用粉末冶金法进行高通量实验的成功案例，其中包括激光增材制造技术等。激光增材制造技术是通过计算机自动控制的送粉机构，将不同元素的粉体以可控的速率递送至激光光束处烧结，从而可实现毫米至厘米尺度分立样品库的快速制备。该工艺精度高、适用范围广，已被用于制备合金、陶瓷、复合材料等材料样品。高通量实验制备样品时，目前有三种打印方式：第一种方式是设计一个有凹槽的金属基板，打印时将不同配比的粉末分别喷入相应凹槽处，同时使用设定的激光对槽内粉末进行加热熔化，通过金属基板中的冷却管道，加快冷却速度，形成非晶；第二种方式是使用平面基板，打印装置以相同热力学条件变组分打印多个柱状样品；第三种方式是将变组分、变热力学条件同时呈现在一个样品中，但是该方式需要对激光功率精细调节，且样品中会产生较大的热应力，导致合成强度高、致密度好的样品存在一定难度。采用第一种方式打印的 Cu-Ti-Zr 合金样品，如图 4-6 所示。

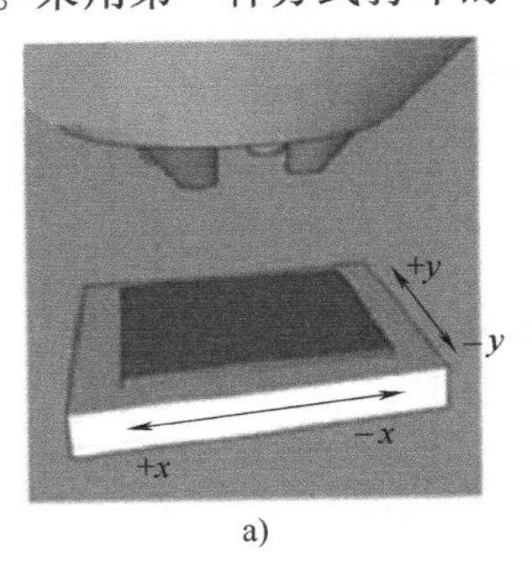

a)

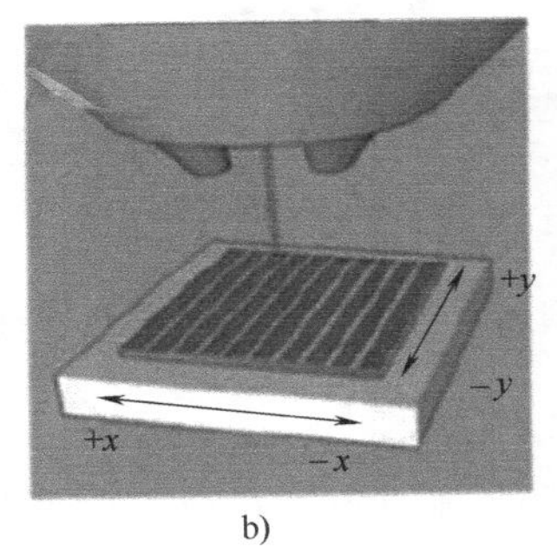

b)

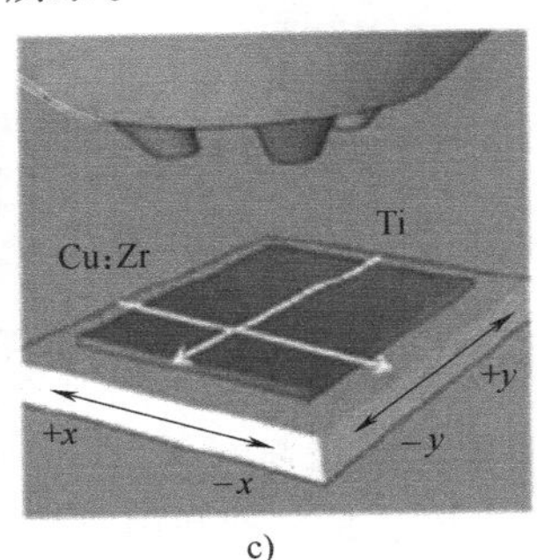

c)

图 4-6　激光增材制造技术打印的 Cu-Ti-Zr 合金样品

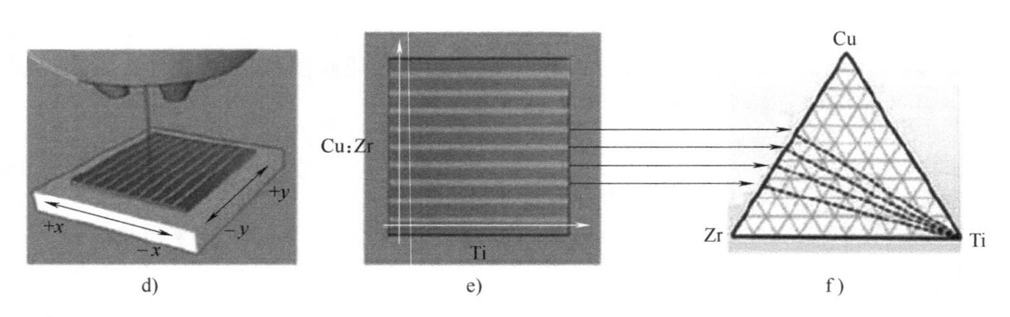

图 4-6 激光增材制造技术打印的 Cu-Ti-Zr 合金样品（续）

4. 多工艺复合法

该类方法是在已有的传统材料制备方法基础上，通过调整如成分、凝固速度、变形量、处理时间等变量，并将多个工艺流程有机连接起来，从而实现高通量实验的方法。典型的例子有沈阳科晶集团研制的高温合金高通量制备系统，如图 4-7 所示。该系统主要将不同种类的纯金属或合金粉末通过粉末输送系统，自动精确配置为设定的合金成分，并自动压制为锭子，放置于 32 工位的电弧炉中，通过自动熔炼控制系统进行顺序熔炼，然后自动采用 XRF 进行成分测定，接着进行样品的热处理、金相制备、硬度测试等后续过程，这些过程均为高通量、并发性、自动化过程。

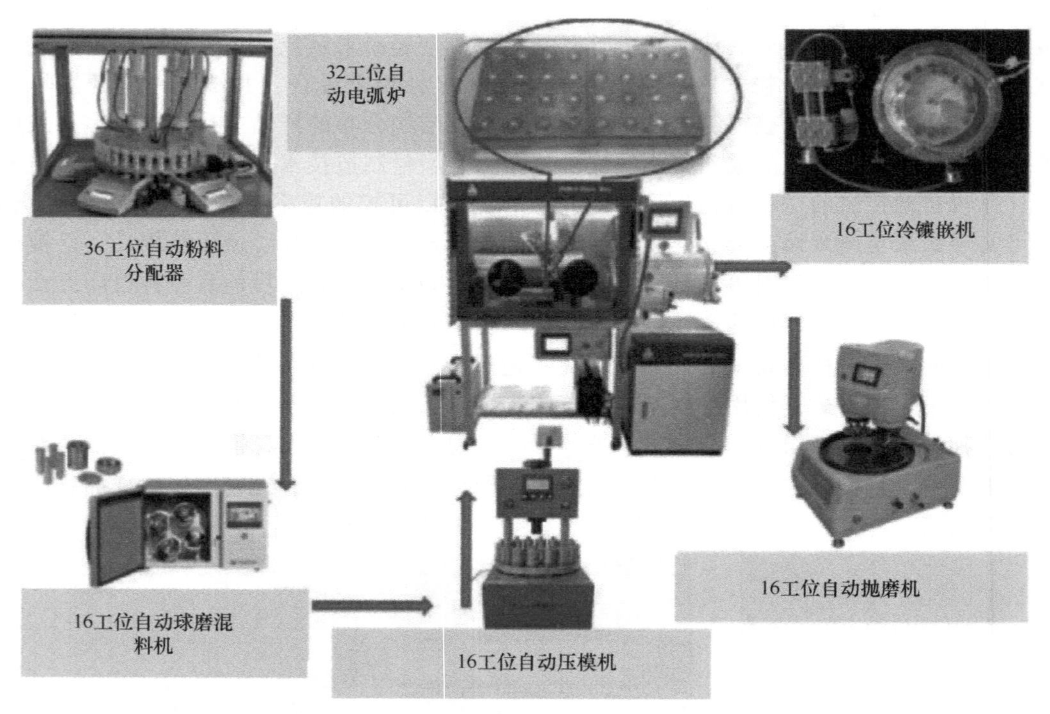

图 4-7 沈阳科晶集团研制的高温合金高通量制备系统

5. 喷印合成法

喷印合成法是一种利用喷墨打印技术进行材料合成和图案化的方法。它借鉴了喷墨打印机的原理，通过喷射方法（喷墨打印、等离子喷涂、激光喷涂和超声雾化喷涂），将含有功能性材料（如催化剂、染料、纳米粒子等）的液体或固体通过喷嘴精确地沉积在基底或反应腔中，以形成特定的图案或结构，从而制备二维或三维组合材料样品。这种方法的优点包括精确控制材料的位置和量、无须光掩模或光刻步骤，适用于多种基底和材料。该方法能够实现多组分快速递送（2000 微滴/s），分子水平混合（液相），且具有较高准确度及可重复性，空间密度可达 90000 样品/in^2（分辨率 300dpi）。一种用于发光材料高通量筛选的扫描式多喷头喷墨液相合成系统如图 4-8 所示。陶瓷材料的组合材料样品可通过喷印合成法进行组合，使用阵列燃烧法或激光加热等方法合成不同成分的材料，然后通过光学照射和光谱测量，从而发现荧光发光最强的位置，从而高通量筛选出相应的新型发光材料。上述方法实现高通量样品实验的关键是确保多组分样品形成均匀混合的前驱体，其中较为成熟的方法包括喷墨打印法和超声雾化喷涂法。

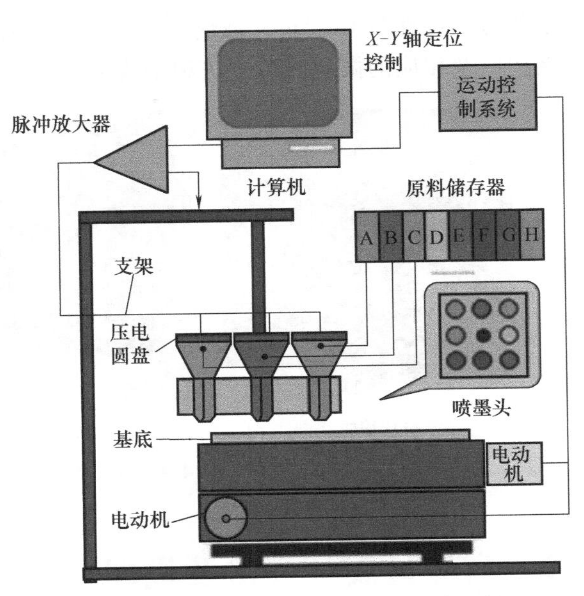

图 4-8　扫描式多喷头喷墨液相合成系统

6. 多通道微流体反应器法

多通道微流体反应器法是一种基于液相合成反应原理，利用微流体技术进行化学反应的方法。这种方法通过在微尺度通道中精确控制流体的流动、混合和反应，实现高效、可控的物质转化。在多通道体系下，微流体反应器工作系统一般由大数目的独立反应腔、反应物输送系统以及最重要的高精度控制单元和系统构成，能够实现多个并行化学反应的独立控制，并可以与其他微流体组件（如微泵、微阀、微传感器等）集成，形成完整的微型化反应系统。该方法是近年来快速发展的小尺度新技术，能够实现对纳升量级流体的操控，应激反馈极快，配合适当的表征技术可实现高效率的测试表征。与此同时还有效地降低了实验成本，其模块化的设计和较小的反应体积也易于操作和维护，提升了安全性和耐用性。这一方法目前在催化剂材料、电极材料、有机合成的研究中使用较多，一般通过在微流体结构阵列中集成反应过程，研究催化性能和化学反应，十分适合高通量实验和筛选催化剂、电极材料。该类设备的关键技术在于对反应过程中的温度、压力、流量、时间等反应因素的精确控制，对设备的精度和自动化、智能化的要求很高。

7. 微机电结构法

该方法主要借助微机电系统（MEMS）可以在亚毫米或微米尺度的表面或体积范围，制备或加工出大量微尺度实验样品或微结构（加热器、传感器、微型柱），在一定设备上可以进行高通量测试。目前比较成熟的是薄膜、喷印、超声雾化喷涂等多种方法。一个基片或基体上制备多种不同成分和结构的高通量材料样品，并用力学性能测试设备进行微观力学性能（如拉伸曲线、蠕变、热应力、疲劳、压缩、硬度等）测试，如图 4-9 所示。其他如 Vlassak 等将微机电结构法和共沉积薄膜法相结合，通过原位热处理和热测量，系统地研究了 Fe-Pd

合金的力学特性与Cu-Au-Si玻璃态合金体系的相变焓。该类方法的关键是选择合适的微机电结构以及相应的微观测试方法和手段。

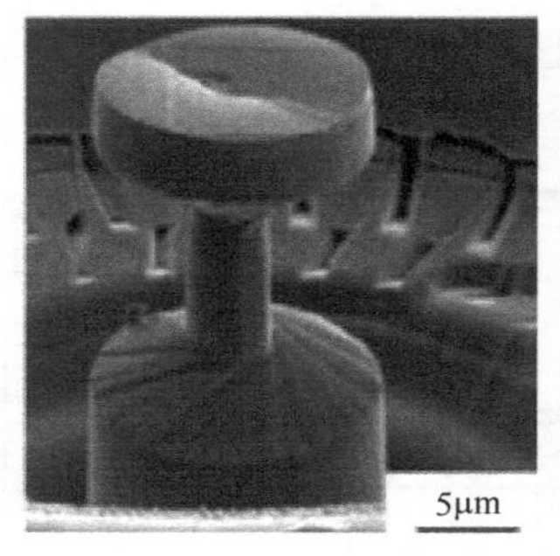

a) 压缩柱

b) 拉伸样品

c) 微悬臂梁样品

图 4-9　微尺度力学实验样品和结构

4.2　高通量表征方法及代理参数的优化

高通量实验旨在利用较少的实验次数快速获得成分-物相-结构性能之间的关系，筛选出组分最优的材料体系。那么对材料体系的准确快速表征就显得尤为重要。高通量表征方法已经成为一种重要的技术手段。高通量表征方法是指通过高通量实验，对大量样品进行快速、高效、系统的表征和筛选的一种方法。这种方法可以大大提高研究效率，降低研究成本，加速科学研究的进程。

然而，高通量表征方法并非完美无缺，其数据的准确性往往受到诸多因素的影响，如何利用表征大数据迭代筛选高性能材料也是亟待讨论的。藉由先进的机器学习算法、深度学习算法等可以有效地去除数据噪声，提高数据精度，加速数据处理，在这一基础上正确地使用统计方法设计实验，建立代理参数与材料性能间的关联模型并不断优化，是发挥高通量表征技术作用的重中之重。

4.2.1　高通量微区表征

1. 高通量微区结构和成分表征

对材料结构、成分的表征通常藉由电子显微镜、X射线衍射仪、原子力显微镜、能量色散X射线谱仪、高分辨原子探针等设备，来获取微纳尺寸区域的不同信息，如形貌、成分、晶体结构等。在高通量实验中，多种表征技术的结合尤为关键。通常涉及自动化设备和集成化实验平台的搭建，以及使用人工智能算法构建材料数据库和模型，进而实现大量实验数据的获取和归纳。中国科学院信息功能材料国家重点实验室的信息功能材料微结构表征平台是这一构想的实例之一，通过集成双球差校正透射电子显微镜、三维原子探针、低温强磁场微波扫描阻抗显微镜和聚焦离子束-扫描电子显微镜双束系统，可实现纳米尺度下观察原子像，通电、加热、冷冻等原位实验以及三维重构实验。结合计算机模拟和数据分析的信息化系统，该平台具有亚纳米尺度材料微区元素成分的精准分析和三维重建的能力，进而深刻揭示材料与器件结构、成分和性能之间关系，是进行芯片功能材料研发的主要技术支撑。

2. 高通量微区光学性质表征

材料的光学性质表征可用于分析半导体材料的禁带宽度。此外，传统的光学性质表征，如光致发光光谱、拉曼光谱、傅里叶变换红外光谱等与其他创新技术相结合，还可用于研究复杂材料体系中涉及晶体结构、电子结构和磁畴结构演化的基础物理问题。未来，微纳光学技术和多模态成像技术的引入能够基于微纳结构的光学特征，如光子晶体和表面等离激元，实现对光学信号输出的精确控制，并且能利用影像学算法将荧光、拉曼、光声等多种信号进行互补融合，为多模态成像提供更立体的样本信息。

连续光谱椭偏仪是高通量实验中一种光学测量仪器。它利用椭偏光（一种偏振光）与材料表面的相互作用来获取材料的光学常数（如复折射率）和薄膜厚度等信息。通常使用宽带光源，如卤素灯或LED，来提供从紫外到近红外的宽光谱范围。这种宽光谱范围使得椭偏仪能够对多种材料进行测量，包括透明和半透明材料。通过测量样品表面的反射光和透射光的偏振状态，椭偏仪可以确定样品的光学常数和薄膜厚度。这种技术具有非接触、非破坏性、高灵敏度等特点，因此在材料科学、半导体工业和表面科学等领域得到了广泛应用。连续光谱椭偏仪的优势在于其快速和方便的测量过程。由于使用了连续光谱，可以在较短的时间内获取整个光谱范围内的信息，这对于高通量实验材料筛选和过程控制等应用非常有用。此外，连续光谱椭偏仪的设计通常较为紧凑，便于集成到生产线或其他实验设备中。

连续光谱椭偏仪商业产品可提供10μm的空间分辨率和比较广的光谱范围，可用于高通量微区光学性质的表征。利用光谱椭偏仪可表征脉冲激光沉积（Pulsed Laser Deposition，PLD）工艺制备的ZnO-MgO组合材料样品的光学性质（图4-10），并进一步分析其带隙特性所得结果。除连续光谱椭偏仪外，激光椭偏仪、阴极荧光计、光致荧光测试仪均可实现高通量微区光学性质表征。

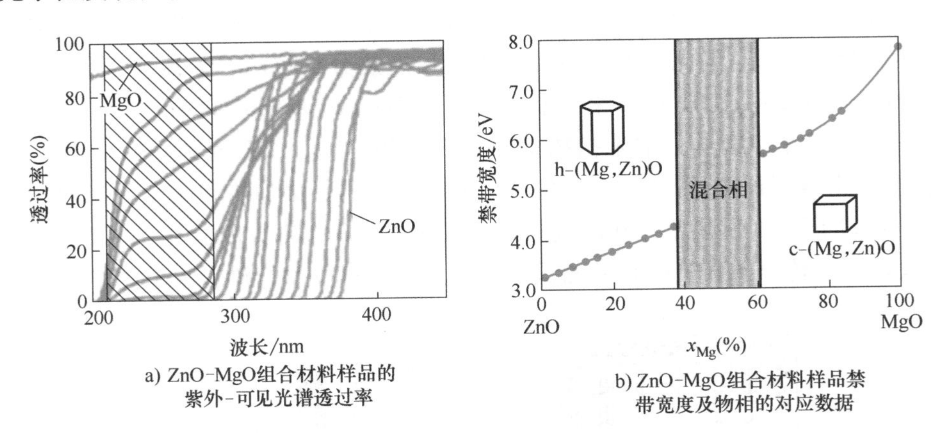

a) ZnO-MgO组合材料样品的紫外-可见光谱透过率

b) ZnO-MgO组合材料样品禁带宽度及物相的对应数据

图4-10　高通量表征ZnO-MgO组合材料样品的光学性质

3. 高通量微区电磁学性能表征

高通量微区电磁学性能表征通常结合多种技术，如矢量网络分析仪（Vector Network Analyzer，VNA）、霍尔效应测量、磁化率测量、微波显微镜等，以获得全面的信息。衰逝微波探针显微镜是一种集成高通量技术的显微测量仪器。谐振腔内针尖上的微波限制在极小的微区，针尖与样品间的作用使谐振腔的频率和品质因子发生改变，由此获得材料的电磁学性质。利用衰逝微波探针显微镜可以测量的电学特性包括超导性质、导电系数、介电常数、铁电常数、磁阻效应、电子迁移率、扩散长度、接触电阻、界面参数、能级对准等，磁学特性包括磁化率、自旋共振等。衰逝微波探针显微镜的宽工作频段和微区高分辨率是普通电磁仪器难以实现的，配以自动化的样品台控制和数据采集，可以实现对组合材料芯片的高通量、全自动电磁学特性测量。衰逝微波探针显微镜的工作原理和仪器实物照片如图 4-11 所示。

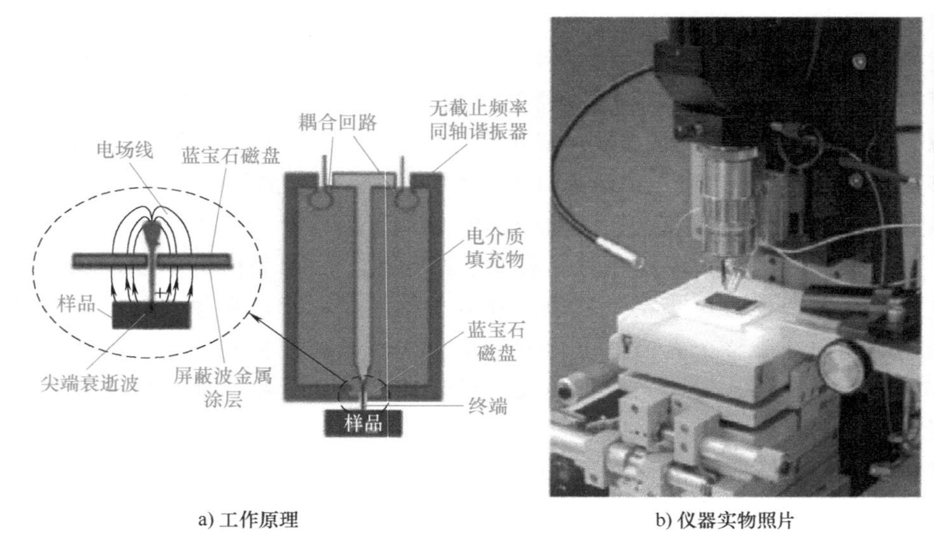

a) 工作原理　　b) 仪器实物照片

图 4-11　衰逝微波探针显微镜的工作原理和仪器实物照片

4. 高通量微区热力学性能表征

高通量微区热力学表征旨在结合机器学习和人工智能算法快速、准确地评估材料在微小区域内的热力学性能。这种测试通常涉及使用微尺度热分析技术，如激光闪射热分析（Laser Flash Thermal Analysis，LFTA）和热机械分析（Thermomechanical Analysis，TMA）等。

Vlassak 等开发了一套并行纳米扫描量热系统（PnSC)。该系统利用微机电工艺在硅基底上制备出 25 个微型加热/量热单元，每个单元有独立的、集加热和测温功能于一体的薄膜器件，如图 4-12 所示。量热单元除两端与衬底接触外，其余部分附着在一层 80nm 氮化硅薄膜上，大大降低了传导热损失带来的测试误差。该方法可以并行测量材料的焓变、热容、相

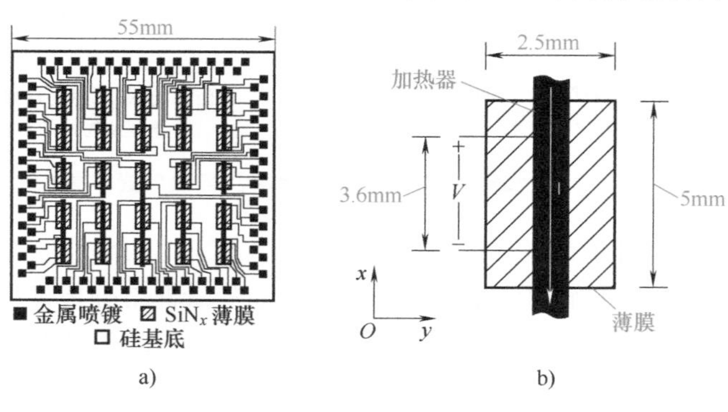

a)　　b)

图 4-12　并行纳米扫描量热系统示意图

变温度等热力学参数，温度范围从室温到900℃左右，升温速率可达10℃/s，灵敏度可达10nJ/K。在该组合传感芯片上，采用三靶磁控共溅射结合物理掩模制备了不同成分的Cu-Au-Si非晶态合金材料样品库，并进行了高通量并行测试表征，得到了不同组分对应的玻璃化温度和转变焓分布。该技术不仅可以与磁控溅射结合获得材料样品库，同样也可以采用喷射打印、超声雾化喷涂等多种方法制备组合材料样品库，具有较好的普适性。

5. 高通量微区电化学性能表征

电化学性能表征对于电极、电解质等电池、电容材料和器件的研究具有重要意义，但传统电化学工作站的空间分辨率较差，对样本有一定的侵入性，可能破坏其原本的表面结构或生物活性，这对于进行更贴近实际工作条件的原位表征以及多参数测试而言是相当困难的。阿美特克科学仪器部开发的VersaSCAN微区电化学扫描系统是以电化学过程和材料电化学特性为基础的高通量微区电化学测试平台，可提供6种微区电化学测试技术，包括扫描电化学显微镜、扫描开尔文探针、扫描振动电极测试、微区电化学阻抗测试、扫描电解液微滴测试、非接触式微区形貌测试。该仪器的样品定位精度高，平台空间分辨率为50nm，样品测试区域为100mm，满足高密度组合材料样品的全自动编程测试。该仪器可广泛用于锂电池正负极、薄膜电解质、半导体等重要材料的高通量组合电化学表征。

6. 高通量微区力学性能表征

微观的力学性能测试本身就比较困难，同时因为尺度效应，微观力学量和宏观体材的力学性能需要进行具体分析才能对应。近年来发展了一系列微观力学测试手段，比较有代表性的是微机电系统（Microelectro-Mechanical System，MEMS）技术，如图4-13所示。利用可以在同一个基片上制备多种不同成分和结构的材料，进行高通量力学性能测试，如图4-13b所示。而纳米压痕已经有商业化的仪器设备可以实现高通量、全自动的微区测试。关于微观和纳观力学尺度效应，已有大量工作证明，当材料特征尺寸（晶粒、厚度）远大于决定其力学特性的特征尺寸时（如位错相互作用特征尺寸为0.2~0.5μm），其力学性能与体材料相当。尽管如此，在采用薄膜法或扩散法制备组合材料芯片研究结构材料力学性能时，应当注意避免直接采用薄膜样品的数据结果。一般而言，材料的结构与力学性能之间的关系受到多种较为复杂的因素影响，包括材料的微观结构和变形历史，但是薄膜样品的数据对于材料结构与性能之间关系的总体趋势是可以提供有价值的参考的。因此，从薄膜样品的成分-结构-性能相图出发，可以预测体材料的性能趋势，并制备相应的体材料进行验证性测试，以确定最终的材料性能参数区间。同时，通过大量的实验，可以逐步建立起薄膜样品与体材料之间的关联特性，从而进一步提升组合材料芯片技术应用于结构材料研究的适用性和准确性。

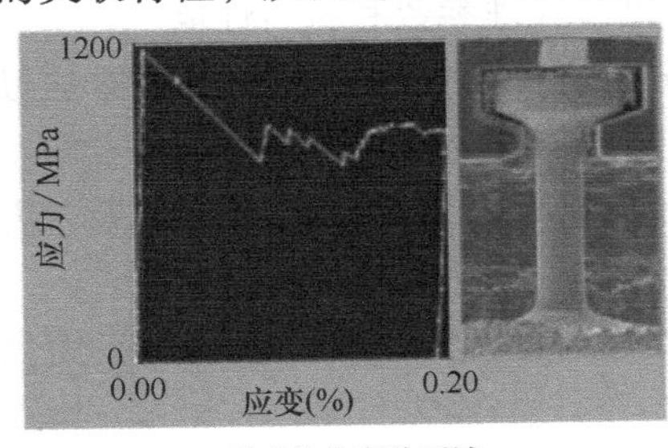

a) 微观拉伸实验测试应力-应变曲线

b) 微悬臂梁测试热应力和蠕变

c) 微观单压实验

图4-13　代表性微观力学测试手段

4.2.2 代理参数的优化

代理参数是高通量表征方法中的一个重要因素。选择合适的代理参数可以提高数据质量和数据处理效率。代理参数是指使用某种指标或变量来间接测量或推断另一个无法直接测量的变量或概念。在研究中，有时候无法直接测量我们感兴趣的变量，但可以使用与之相关联的其他变量进行测量，这就是所谓的代理参数。

在机器学习中，代理参数是一种常用的方法，用于解决一些难以直接测量或获取的目标变量的问题。这种方法是通过利用可以直接获取的替代变量来间接推断或估计目标变量。代理参数在机器学习中有着广泛的应用，特别是在监督学习、强化学习和因果推断等领域。

在监督学习中，代理参数的主要应用是解决标签获取困难的问题。在许多情况下，获取准确的标签需要大量的时间和资源，因此使用替代变量作为目标变量可以简化模型训练过程。

在强化学习中，代理参数可以用于解决环境反馈不足的问题。强化学习模型需要大量的环境反馈来学习适当的行为策略，但有时候真实的环境反馈很难获取。在这种情况下，使用替代变量作为环境反馈可以帮助模型进行有效的训练。

另外，在因果推断中，代理参数也被广泛应用于估计因果效应。因果推断需要对多个变量之间的因果关系进行推断，而有时直接测量这些因果关系可能很困难。在这种情况下，使用替代变量可以帮助推断出目标变量之间的因果关系。

总的来说，代理参数在机器学习中是一种非常有用的方法，可以帮助解决数据获取困难或环境反馈不足的问题，从而促进模型训练和因果推断等任务的进行。

在高通量表征方法中，由于种种原因，研究人员往往无法直接获得物质的真实参数，而只能通过一些可测量的参数来间接地估计其真实值。这就涉及代理参数的选择和优化问题。代理参数的优化是通过选择与材料性能密切相关的参数（称为代理参数），并对其进行分析和优化，以达到改善材料性能的目的。以下是代理参数优化的一些关键步骤。

（1）代理参数选择　首先，需要从众多可能的参数中选择出对材料性能影响最大的几个参数作为代理参数。这些参数应该是容易测量或控制的，并且与材料性能密切相关。

（2）实验设计　使用统计方法，如 Taguchi 方法、响应面法等，设计实验，以优化代理参数。实验设计的目标是尽量减少实验次数，同时获得足够的信息来建立代理参数与材料性能之间的关系模型。

（3）实验执行　根据设计的实验方案，进行实验，并测量代理参数和材料性能。

（4）数据分析与建模　收集实验数据后，应用数据分析方法，如回归分析、机器学习等，从数据中提取有用信息，建立代理参数与材料性能之间的关系模型。

（5）模型验证与应用　验证模型的有效性，并在实际应用中根据模型预测的结果，优化代理参数，以达到改善材料性能的目的。

（6）迭代优化　根据模型预测的结果，调整代理参数，进行新的实验，以进一步优化材料性能。

参数的优化可以应用于材料科学与工程、化学合成、生物医学等领域，有助于加速新材料的发现和优化过程，提高科研和工业生产的效率。

在整个过程中，需要充分考虑实验条件、测量误差等因素，以确保数据的可靠性。此外，还需要不断地进行实验和验证，以确保优化结果的准确性。在实际操作中，可以采用逐步优化的方法。首先，可以根据经验或者初步的实验结果，选择一组合适的代理参数。然后，通过不断地实验和调整，逐步优化这组代理参数。在这个过程中，需要不断地对比不同代理参数组合的结果，从中选择最优的方案。

总的来说，代理参数的优化是一个复杂而重要的课题。在这个过程中，需要充分发挥科研人员的智慧，运用各种数学和统计方法，寻找最佳的代理参数组合。只有这样，才能更好地利用高通量表征方法，推动科学研究的进步。

4.3　基于自动机器人的高通量实验

随着科技的飞速发展，机器人技术逐渐渗透到各个领域。通过机器人自动化操作，可以在短时间内完成大量实验，为科学研究和材料开发提供了新的思路和手段。在此，我们将介绍高通量实验的核心技术之一——自动机器人。自动机器人是一种能够自主执行任务的机器，其可以根据预设的程序进行一系列操作，如抓取、移动、检测等。自动机器人具有高度的精确性和重复性，能够在实验过程中保证数据的可靠性和一致性。正是由于这些优点，自动机器人在高通量实验中发挥着至关重要的作用。本节将主要探讨基于自动机器人的高通量实验以及其在光伏材料领域的应用。

4.3.1　自动机器人概述

自动机器人实验作为一种高效的研究方法，其优势在于能够在短时间内完成大量的实验任务。在传统的实验方法中，研究人员需要手动完成各种操作，这不仅耗费时间，而且容易引入误差。而高通量实验通过自动机器人实现了样品的纯化、提取、合成、反应自动化操作，大大提高了实验效率。通过植入数据分析软件能实现实验数据的自动采集、处理和分析，提高数据的准确性和可靠性，并基于算法对样品筛选优化自动生成实验方案，完成新一轮迭代。基于自动机器人系统，高通量实验室还可以自动控制实验环境，如温度、湿度、光照等，以确保实验条件的稳定性和一致性。通过对自动机器人系统进行远程监控，实验人员可以实时监测实验过程中的安全风险，如有毒气体泄漏、火灾隐患等，并及时采取措施，极大地提高了实验环境的安全性。

尽管有众多优势，自动机器人技术仍存在普及使用上的限制。首先，购置、维护和升级高通量自动机器人系统的成本较高，可能需要较大的初期投资，并且基于目前的制造技术，自动机器人缺乏对样品和试剂的兼容性，可能对样品和试剂的物理和化学性质有特定要求，如黏度、表面张力等，这可能会限制某些实验的适用性。同时自动化系统的操作灵活性通常低于手动操作，可能难以适应复杂的实验设计和变化。但是随着学科交叉的不断深入，高通量实验设备的快速迭代更新，以及自动化实验方案的调整优化，以上困难将在不远的将来被克服，利用自动机器人进行大规模的材料开发、化学合成值得期待。

在材料领域，高通量实验具有广泛的应用前景。材料的开发和研究通常需要经过大量的实验和测试，以找到最优的配方和工艺。基于自动机器人的高通量实验可以在短时间内完成大量的材料制备和性能测试，为材料研究提供了新的途径。例如，在新能源材料、纳米材料等领域，高通量实验已经取得了一些突破性的成果。

4.3.2 基于自动机器人的高通量实验案例

1. 自主材料与设备加速平台（AMADAP）概念构想

近年来可再生能源需求日益增加，开发新兴光伏技术是至关重要的突破口。新兴光伏技术不仅着眼于研发扩大产品组合，还注重实现材料流多元化，从而提高光伏产业的安全性和竞争力。在研发功能材料这一过程中，具有海量多维成分和巨大参数空间的多目标优化带来了巨大挑战。针对这一问题，必须开展可重复的、独立于用户的实验室工作，并对创新实验方法进行预筛选。

材料加速平台（MAP）是将机器人材料合成和表征与人工智能驱动的数据分析和实验设计无缝集成，为发现和探索新材料赋能的技术。它将研究从爱迪生式的试错方法解放，转变为超短周期、超高精度的实验，生成可靠且高度定性的数据，从而训练出具有预测能力的机器学习算法，旨在对材料合成、前体制备、样品处理和表征以及数据分析提供指导。

器件加速平台（DAP）则旨在优化功能薄膜和层堆。DAP 的核心竞争力是为一组预定材料确定和完善理想的加工条件。通过促进加工条件的微调，DAP 对无序半导体器件（如新兴的光伏器件）的进步和优化能够做出巨大贡献。

德国埃尔朗根-纽伦堡大学的研究团队系统地总结了过去十余年中，利用自动化和自主实验室针对钙钛矿太阳能电池以及有机新型光伏材料的发现和器件优化中所取得的进展，如图 4-14 所示。它包括两个 MAP（用于发现有机界面材料的微波辅助高通量合成平台、用于合成新型半导体和表征薄膜半导体复合材料的基于机器人的多用途移液平台）和两个 DAP（SPINBOT 平台，即一种具有优化复杂器件结构潜力的旋转涂层 DAP；以及 AMANDA 平台，即一种完全集成和自主运行的 DAP）。最后简要提出一个整体概念和技术，即自主材料与设备加速平台（AMADAP）实验室，用于自主功能太阳能材料的发现和开发。随着软件和硬件基础设施的不断发展，这有望在不远的将来实现。

各种平台的最初设计理念是形成一个自动化工作流程，涵盖有机和无机半导体的合成；墨水设计、复合工程和成膜；有机钙钛矿半导体在环境条件下的设备处理；有机钙钛矿半导体在氮气环境下的设备处理和表征。其中合成系统（图 4-14a）能够执行三个高通量（HT）过程：HT 合成、纯化和表征。这种基于微波反应器的现代系统提高了产量，同时将反应时间从几天缩短至几个小时，并能按顺序处理多达 48 个单独反应。这使得高效、安全地处理纯化工作流程成为可能，包括溶液分配、加热、搅拌和冷却，以筛选产品重结晶的最佳溶剂成分。基于机器人的多用途移液平台以 Tecan Freedom EVO 100 装置为基础，如图 4-14b 所示，用于多组分前体制备、薄膜涂覆和表征。该平台可制备和筛选大量候选物质并针对钙钛矿采用不同涂层工艺，如滴铸或旋涂，能够每天处理 6000 多张不同配方的有机半导体薄膜和数百种油墨，并同步配备了 HT 表征系统来进行光学测量，包括记录紫外可见吸收、稳态光致发光（PL）和时间分辨光致发光（TRPL）光谱。SPINBOT 平台如图 4-14c 所示，配置了一种选择性顺应装配机械臂（SCARA），具有自动溶液处理薄膜和设备加工所需的高精度、高效率和高准确性，支持各种钙钛矿薄膜生产工艺：反溶剂沉积法、两步顺序沉积法、

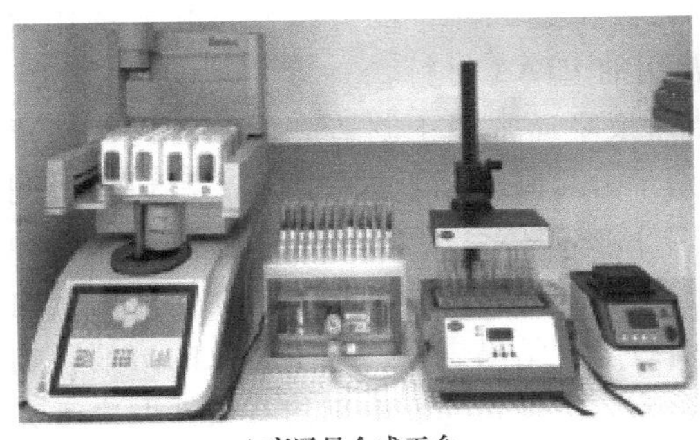

a) 高通量合成平台

b) 基于机器人的多用途移液平台

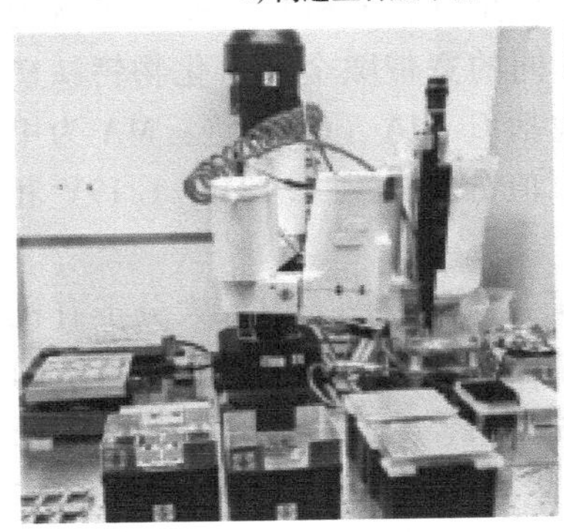

c) SPINBOT平台

d) AMANDA平台

图 4-14　自主材料与设备加速平台（AMADAP）

气淬辅助法和热铸法。AMANDA 平台如图 4-14d 所示，是由自主开发软件控制，专门用于制造和表征溶液加工薄膜设备，每天可对多达 1632 个太阳能电池进行精确的闭环筛选，通过摄影、紫外-可见吸收、电极蒸发和电流密度与电压（J-V）测量，对每个太阳能电池进行全面表征，并对所有工艺步骤进行全面记录，无须人工干预，即可获得最佳的设备加工优化条件。

自主材料与设备加速平台（AMADAP）已经在实际场景中充分展示了其实用价值，如下文所述。

（1）高通量合成平台　近年来，通过成分和加工工程，在提高溶液处理型 OPV 和 PSC 的效率和稳定性方面取得了长足进步。基于机器人的高通量实验（HTE），可有效筛选数千至数万个候选材料库，为预测新材料或优化复合材料提供了强大的创新性实验工具。

共轭小分子已被广泛应用于许多功能半导体领域，如 PSC、OPV 和有机发光二极管。为共轭小分子建立一个全面的材料库和性质数据库，有可能加快探索广泛适用的结构-性质关系，并加速发现超越现有规则的新分子。最大的挑战可能是通过点击反应合成的分子（如 MIDA 库）的纯度和电子质量。该实验室的有机半导体合成平台能够完成一个集成自动纯化和表征的工作流程。第一步是与 MIDA 库中的单体进行微波辅助的铃木-宫浦偶联反应，从而简化了自动纯化流程的开发。经过优化的处理条件可在不到 1h 的反应时间内获得高达 95%的产量。在纯化过程中，采用了过滤和重结晶两步法，反复进行，直到材料达到 70%以上的纯度。随后通过计算模拟完成吸收、电导率、循环伏安法等各项表征。自动有机合成平台能够在数周内编译出包含 125 种共轭小分子及其光电特性的完全表征材料库。这对于训练高斯过程回归（GPR）等预测模型至关重要。目前已经筛选该库中的首批候选化合物作为钙钛矿电池中的空穴传输材料（HTM），性能优于常用的 PTAA 材料。

（2）基于机器人的多用途移液平台　反溶剂结晶策略通常用于制造高质量的钙钛矿薄膜材料，尽管如此，针对这一过程中的化学机理探索十分有限。基于这一现状，科研人员利用基于机器人的多用途移液平台来快速筛选各种溶剂-钙钛矿体系的潜在反溶剂。选择 48 种有机液体作为反溶剂，并根据它们的介电常数（ε）进行了分类。该集成平台在短短两天内总共合成并表征了 336 种不同的钙钛矿/溶剂/反溶剂组合。结果表明，除了公认的溶剂影响外，卤素原子的性质对中间复合物的形成也有重大影响。溶剂作为反溶剂的有效性取决于其破坏溶剂分子与中心 Pb^{2+}之间配位键的能力。这成功阐明了结晶过程的机理，避免了费力的试错实验。基于该平台用反溶剂结晶法高效合成了 95 种不同的宽带隙金属卤化物钙钛矿样品，并产出了 6 种带隙约为 1.75eV 的具有潜力的成分，包括 Cs-MA（Cs 为铯；MA 为甲基铵）、MA-FA（FA 为甲脒）和 Cs-FA 系统，最大开路电压值分别达到 1.18V、1.19V 和 1.14V，并表现出优异的光稳定性。

钙钛矿材料存在内在不稳定性和自发降解的问题，阻碍了其应用发展。引入大分子有机阳离子以形成准二维钙钛矿是一种可行的稳定三维钙钛矿晶格的改进方法。但这些阳离子的具体类型和掺杂浓度仍然是需要系统研究的。最近，该团队利用机器人移液平台制备并表征了数百种多组分薄膜，从而研究了一系列含有不同有机阳离子的 Ruddlesden-Popper 型钙钛矿的长期热稳定性。结果表明，由于相邻晶畴之间的立体阻碍效应较强，薄膜中的长链线性烷基铵阳离子在热老化过程中阻碍了奥斯瓦尔德熟化（Ostwald Ripening）。短链阳离子促进了更高维度的相重新分布，有助于三维钙钛矿相的再生，并保持卓越的稳定性。同时发现，在 $MAPbI_3$ 中插入摩尔分数约 20%～25%（标称 $n=4\sim5$）的阳离子可最大限度地提高薄膜的稳定性，而更高或更低的浓度则会导致稳定性降低。

成分工程对于实现高稳定性的钙钛矿至关重要，但传统的人工实验方法既耗时又难以获得准确数据。研究人员基于机器人的多用途移液平台准确制备和收集大量不同成分样品的数据，从而揭示金属卤化物钙钛矿的稳定性机制。通过将自动 HTE 与机器学习（ML）算法相结合，他们发现了高温和低温稳定性之间的相关性，并确定了稳定性反转行为。当老化条件在低温和高温之间交替变化时，特定阳离子对稳定性的影响可能会在有害和有利之间变化。进一步地，他们利用机器人的多用途移液平台筛选了另外 160 种钙钛矿成分的光热稳定性，将最佳筛选成分制备成非密封器件，于 65℃ 的氮气环境中，在金属卤化物灯光照下连续工作 1450h 后，其峰值效率维持在 99%。

（3）AMANDA 平台　优化体外异质结 OPV 的高维加工空间对于提高 PCE 和稳定性能具有重要意义。科研人员自主开发的 AMANDA 系统是一种可靠的 DAP，以极高的速度、精度和效率对数百个 OSCs 进行全自动处理。为实现多目标评估，该 DAP 在全设备层面探索了 OPV 材料的 100 多种工艺条件，从而形成了高质量的数据集。通过与基于替代测量（如光吸收特征）的 GPR 预测结合，该数据集能够对高效和光稳定性 OPV 器件进行预测。这一途径展示了以较低投入成本加速开发高性能太阳能材料、最佳工艺参数和器件结构的巨大潜力。在此基础上，提出了人工智能引导的闭环自主优化全功能有机器件的开创性概念，并通过优化基于 PM_6 : Y_{12} : $PC_{70}BM$ 的三元 OPV 系统的多组分和加工参数所定义的四维参数空间，展现自主方法的强大功能。结果表明这一系统将确定目标函数的样本数从原本的 1000

多个缩减到40个。这些研究凸显了将基于机器人的DAP与ML算法相结合的重要意义，从而加快新型光伏技术的发展。

（4）SPINBOT平台 为了应对同时优化空气中的钙钛矿薄膜和设备的工艺参数这一复杂挑战，一种名为SPINBOT的全自动DAP应运而生。该DAP执行了5个优化步骤，包括总共61个用于制造钙钛矿薄膜的变量。有限的参数范围和可能的局部优化是这一DAP的限制因素，会影响数据的可重复性。研究人员引入了贝叶斯优化算法来指导DAP进行全局优化。结果，ML引导的DAP有效地探索了包含数百万个组合参数集的复杂参数空间，使钙钛矿薄膜的质量和可重复性得到了持续改善。基于这一智能闭环优化方法实现了一系列加工参数的优化，最终制备出最佳效率达21.6%、具有良好光热稳定性的器件。

虽然独立的MAP擅长快速筛选材料，但它们往往缺乏将这些发现直接转化为优化设备的能力。同样，DAP擅长改进设备性能，但可能与MAP开发的创新材料脱节。在这种情况下，MAP与DAP的合作组合为推动新兴光伏领域的新材料发现和设备优化提供了一种开创性战略。与此同时，引入人工智能算法和数字孪生对于优化MAP与DAP之间的联系也至关重要。总体而言，这种集成方法超越了自主优化的范畴，实现了向自我驱动实验室环境的范式转变。未来，增强数据安全性和完整性的区块链以及用于改善连接性的物联网（IoT）等技术将进一步强化AMADAP框架，使从材料发现到设备优化的过渡不仅无缝衔接，而且更加安全和互联，从而为真正的自我驱动实验室环境奠定基础。

2. 高通量机器人（HTRobot）系统与性能评估

（1）组分性能评估 德国亥姆霍兹埃尔朗根-纽伦堡可再生能源研究所利用高通量机器人（HTRobot）系统与机器学习相结合，来评估混合阳离子钙钛矿在不同老化条件下的光热稳定性。HTRobot系统从少量母液开始，然后自动混合以形成所需的前体（如$FAPbI_3$）。将制备好的前体依次分配到定制的72孔板中，然后通过滴涂和旋涂在玻璃基板上沉积钙钛矿层。为了进行稳定性测试，样品板在分析平台和预设在不同温度-湿度条件下的气候室之间来回转移。HTRobot能够自动合成、表征和分析感兴趣的材料，总共制作了1000多个样品。最终筛选优化的钙钛矿组分为$MA_{0.1}Cs_{0.05}FA_{0.85}PbI_3$，相应的电池在最大功率点（MPP）跟踪连续工作1800h后，仍保持最初效率值的90%。

随后，研究人员自行搭建了一个高通量筛选平台来寻找在热和光下稳定的钙钛矿组分。考虑到稳定的钙钛矿活性层是稳定的钙钛矿太阳能电池的先决条件，首先使用机器系统筛选了160种光热稳定的钙钛矿成分。自动化平台能够自动准备溶液、制造和表征薄膜，其组成基质包括钙钛矿中常用的阳离子和卤化物，并总结了所有160个薄膜样品的统计数据。从统计分析来看，Br/K/Rb/Cs的最佳浓度（摩尔分数，下同）约为5%，甲基铵（MA）的掺入对其稳定性没有不利影响。与以往的阳离子工程研究相比较，研究人员提出了一个稳定的混合阳离子、混合卤化物钙钛矿的组成，其中包含约5% Br、10%～20% MA，并将无机阳离子最小化到大约5%，即$MA_{0.10}Cs_{0.05}FA_{0.85}Pb(I_{0.95}Br_{0.05})_3$，并结合一种双层导电性聚合物结构，器件的高温运行稳定时间超过了1400h。

（2）工艺性能评估 反溶剂结晶方法经常用于制造高质量的金属卤化物钙钛矿（MHP）薄膜、生产相当大的单晶以及在室温下合成纳米颗粒。然而，对特定反溶剂对多组分MHP内在稳定性的影响的系统探索尚未得到证实。美国田纳西大学的研究人员开发了一种高通量实验工作流程。该工作流程结合了化学机器人合成、自动表征和机器学习技术，以探索反溶剂的选择如何影响二元 MHP 系统在环境条件下的内在稳定性。

研究人员对 $MAPbI_3$、$MAPbBr_3$、$FAPbI_3$、$FAPbBr_3$、$CsPbI_3$ 和 $CsPbBr_3$（MA 为甲基铵，FA 为甲脒）的不同组合合成 15 个组合库，每个组合库具有 96 种独特的组合。基于上述策略，总共合成了大约 1100 种不同的组合物。每个组合库使用两种不同的反溶剂制造两次：甲苯和氯仿。合成后，光致发光光谱每 5min 自动执行一次，持续约 6h。然后利用非负矩阵分解（NMF）来绘制依赖于时间和成分的光电特性。通过对每个组合库使用此工作流程，研究人员证明了反溶剂的选择对于 MHP 在环境条件下的内在稳定性至关重要。

研究人员探索了可能的动态过程，如卤化物偏析，负责由选择反溶剂引起的稳定性或最终降解。总的来说，这项高通量研究证明了反溶剂在合成高质量多组分 MHP 系统中的重要作用。

（3）结构性能评估　相较于三维（3D）钙钛矿，二维（2D）或准二维钙钛矿由于其优越的环境稳定性而受到研究人员的广泛关注和研究。嵌入阳离子的性质对准二维钙钛矿的物理化学性质和稳定性起着至关重要的作用。德国亥姆霍兹研究所的研究人员利用了七种不同的嵌入阳离子（从乙胺 EA 到正十二烷基铵 DA，线性碳链长度不断增加），通过高通量平台研究了一系列二维 RP-型钙钛矿的热稳定性。结果表明，更长链阳离子会导致准二维钙钛矿薄膜中相邻无机钙钛矿相之间存在强的空间位阻，从而抑制了热老化过程中的奥斯瓦尔德熟化反应发生。对于短链阳离子，在老化过程中观察到明显的二维/准二维到三维/准三维钙钛矿相转变。由于空间位阻效应，该研究通过平衡抗水/氧破坏力和维度增加的相重组能力，找到了一个最佳的链长度，以最大限度地提高薄膜的稳定性。这一工作为准二维钙钛矿的热稳定性提供了新的认识和理解。

研究人员开发了一套高度自动化的钙钛矿高通量实验平台，利用稳态、瞬态荧光和吸收光谱等原位光学测试手段对不同组分的准二维钙钛矿成分进行了自动化、系统性的稳定性表征。随后利用数据自动化处理程序对这些稳定性数据进行汇总分类、拟合处理。在此基础上，进一步对这些信息进行综合性关联分析，并最终得出实验结论。

结果表明，嵌入阳离子长度对准二维钙钛矿薄膜的物理化学性质、相分布、相重组和热稳定性有着巨大的影响。阳离子链越长，钙钛矿膜中形成的二维相越多，空间位阻就越强。这种空间位阻有助于提高样品的稳定性，但也抑制了热老化过程中维度增加的钙钛矿相的重组和分布。只有在短链钙钛矿中，低维二维/准二维向三维/准三维钙钛矿相转化的奥斯瓦尔德熟化过程才能得以有效发生。这项工作强调了嵌入阳离子带来的空间位阻对钙钛矿稳定性的复杂影响。通过对嵌入阳离子的掺杂浓度和空间结构的微调，在准二维钙钛矿中获得更高稳定性和高结晶度。这一发现揭示了准二维钙钛矿薄膜的成分组成-稳定性关系，对进一步提高准二维钙钛矿薄膜的晶体质量和稳定性具有显著的指导意义。

3. 高通量计算与材料筛选

美国达特茅斯学院的研究人员利用高通量计算筛选和大规模合成以及实验表征的方法，成功寻找到一种新型的无机光伏材料。研究人员进行了高通量搜索，筛选了大约 40000 种来自材料项目数据库的无机材料，其中大多数注册在无机晶体结构数据库（ICSD）中，发现了一些带隙适合、有效质量小且具有特殊缺陷特性的材料（这些特性不会引起强烈的非辐射载流子复合）。在这些有潜力的候选材料中，他们选择了镉钡磷酸盐 $BaCd_2P_2$，并明确计算出 $BaCd_2P_2$ 中的非辐射复合速率优于或可与高效的光伏材料（如卤化钙钛矿）相媲美。

进一步对 $BaCd_2P_2$ 进行了实验合成和表征，结果显示该材料在空气和水中具有高稳定性。稳态光致发光（PL）和时间分辨微波电导（TRMC）测量计算出的直接带隙为 1.45eV，并表现出长达 30 ns 的优异载流子寿命。结果表明 $BaCd_2P_2$ 的确是一种具有潜力的高性能太阳能电池吸收材料。

4.3.3　高通量实验的发展趋势

随着科技的进步，高通量实验将得到进一步的发展。未来发展趋势主要表现在以下几个方面。

（1）集成化与标准化　将更多的实验步骤集成到一个系统中，实现实验过程的高度自动化和智能化。同时确保实验在标准化的系统和运行模式中开展，确保实验数据具有良好的一致性。

（2）高精度　通过采用更先进的仪器设备和技术，提高实验结果的准确性和可靠性。

（3）多学科交叉　高通量实验将材料科学、化学、生物学与人工智能、大数据分析等多学科领域进行深度融合，实现更高效的科研创新。

（4）个性化　根据不同的科研需求，为用户提供个性化的高通量实验解决方案，包括创建崭新的应用场景和条件，定制化构建数学模型。

综上所述，高通量实验作为一种新型的实验方法，具有广阔的应用前景。

然而，高通量实验也面临着一些挑战。首先，高通量实验需要大量的数据处理和分析，这对硬件的数据处理能力和算法的开发与优化提出了很高的要求。其次，高通量实验往往需要高度专业化的设备和技术支持，这对实验条件和科研人员的专业素养提出了较高的要求。最后，高通量实验平台的建设成本相对较高，这对于一些资金不足的研究机构来说是一个较大的负担。

尽管如此，我们有理由相信，随着技术的进步和成本的降低，高通量实验将在未来得到更广泛的应用。一方面，随着大数据和人工智能技术的发展，数据处理和分析能力将得到显著提升，依赖计算机进行基础科学探索会更具有可信度；另一方面，随着自动机器人技术的普及，高通量实验的成本将逐渐降低，操作难度将进一步改善，使其能够惠及更多的研究领域。

4.4　复习思考题

1. 制备高通量实验样品的方法有几类？请分别列举并简要描述其操作内容。
2. 薄膜沉积工艺制备高通量实验样品主要有几种方式？简述其原理。
3. 高通量微区表征主要分为哪几个方面？列举几种用于高通量微区表征的实验仪器并简述其作用。
4. 代理参数是什么？优化代理参数的意义有哪些？
5. MAP、DAP 分别指代什么？它们在材料研究中起到哪些作用？
6. 自主材料与设备加速平台（AMADAP）的主要功能部分是哪几个？
7. 简述利用高通量机器人系统辅助筛选材料和性能评估的工作流程。
8. 简述高通量实验的发展方向和优势。

第5章
材料智能设计与制造的前沿应用案例

5.1 人工智能在高熵合金设计中的应用

作为近年来最热门的金属材料之一，高熵合金（High Entropy Alloys，HEAs）以其独特的结构和优异的性能，受到众多研究学者的追捧和关注。高熵合金这一概念是由叶均蔚教授提出的，区别于单一主元的传统合金理念，其将含有5种及5种以上元素，并且各元素含量在5%~35%（原子百分比）的合金定义为高熵合金。典型的多主元特性使得高熵合金具有高强度、高硬度、高耐磨性、高耐蚀性以及抗高温软化等优异性能。由于高熵合金的组分复杂性及制备方法的差异，通过试错实验法进行性能改善十分困难。因此需要开展更多的基础研究以及开发新的材料计算模型和方法，来实现高熵合金性能的可控设计和快速开发。近年来基于人工智能的机器学习技术在材料研发中的成功应用，为解决这一问题提供了新的思路和方法。机器学习算法具有强大的预测能力，能够为高熵合金的相结构预测和性能优化带来意想不到的效果。

5.1.1 高熵合金的相结构预测

材料的相结构与性能之间存在密切的关系，相结构对材料的性能产生直接影响，结构不同往往导致性能上具有巨大的差异，如体心立方结构强度高，而面心立方结构塑性好。在不同的应用领域下，应选择满足特定性能需求的材料。因此，高熵合金的相结构预测是合金设计的重要一步，提前预知相结构能够加速材料设计和开发过程，节约时间和资源。和传统合金类似，高熵合金的结构可分为晶体和非晶两大类，而晶体又可分为金属间化合物、单相固溶体和多相固溶体。

一直以来，研究学者都在为准确预测高熵合金的相结构而努力。借鉴二元或三元合金的研究经验，研究学者从Hume-Rothery规则中得到启发，总结出一些区分高熵合金相结构的经验或半经验参数方法，如图5-1所示。例如，Guo等人在统计100多组高熵合金的相结构后发现，高熵合金固溶体的形成需要同时满足$-22\text{kJ/mol}<\Delta H_{mix}<7\text{kJ/mol}$、$11\text{J/(mol}\cdot\text{K)}<$

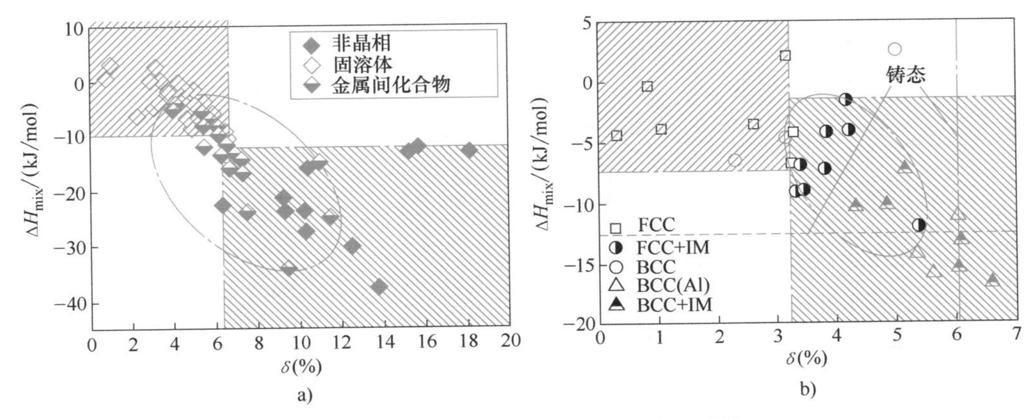

图 5-1　基于经验参数预测高熵合金相结构

ΔS_{mix}<19.5J/(mol·K）和 0<δ<8.5%三个条件。北京科技大学张勇教授团队结合混合焓和混合熵提出一个新的参数 Ω，得到高熵合金固溶体形成的另一个判据，$\Omega \geqslant 1.1$ 并且 $\delta \leqslant$ 8.5%。然而这些经验参数往往是研究学者根据有限的高熵合金数据或者基于二元合金相形成规律推广得到的，对于组成空间广阔的高熵合金而言，该方法得到的预测精度不足，因此利用传统的经验参数预测相结构是十分困难的。

机器学习以数据为基础，能够建立材料影响因素与目标属性之间的映射关系。近年来，机器学习技术被越来越多地应用于高熵合金相分类和相结构预测中。利用机器学习对高熵合金相结构进行预测，主要是把可能对相结构产生影响的参数（如经验判据）作为模型的输入，通过训练模型建立参数与相结构之间潜在的关系。但是，由于高熵合金中相结构的多样性，如何进行分类又是一项值得考虑的工作。例如，Islam 等人为区分高熵合金中单相固溶体、金属间化合物和非晶结构，收集到 118 条数据，然后分别计算这些合金的价电子浓度（VEC）、电负性差异（$\Delta\chi$）、原子尺寸差异（δ）、混合熵（ΔS_{mix}）和混合焓（ΔH_{mix}），将其作为机器学习模型的输入，构建了一个反向传播神经网络模型来预测这些合金相结构，通过 4 折交叉验证的方式使得模型预测精度达到 83.0%。

由于模型的复杂度、假设、对数据的适应能力以及参数调整等因素的影响，即使对于相同的问题，不同的机器学习模型预测结果可能会产生差异。另外，高熵合金中有多种可能的相结构，不同的结构划分方式也会导致预测结果发生变化。Zhou 等人基于经验和热力学参数收集获得了 13 个描述符分别作为人工神经网络（ANN）、卷积神经网络（CNN）和支持向量机（SVM）的输入参数，分别预测非晶态、固溶体和金属间化合物 3 种相结构。图 5-2 所示为 ANN 预测相结构的示意图。他们将数据集随机分为三个子集，其中 70%数据用于训练，15%用于验证，15%用于测试。经过数据训练，ANN 模型对 AM、SS 和 IM 的测试准确率分别达到 98.9%、97.8%和 95.6%；CNN 模型实现了类似的测试准确率，AM 为 97.8%，SS 为 98.9%，IM 为 94.4%；而 SVM 模型对 AM、SS 和 IM 的测试准确率分别为 96.7%、98.9%和 95.6%。此外，还通过进行 10 次独立的数据划分和模型训练来测试算法的鲁棒性，结果发现测试精度非常相似，这表明这些机器学习模型的结果对数据划分并不敏感。除了模型之外，预测效果与数据质量也有较大关系。

为了选出一个合理的方法来快速选择机器学习模型和材料描述符的最优组合，北京科技

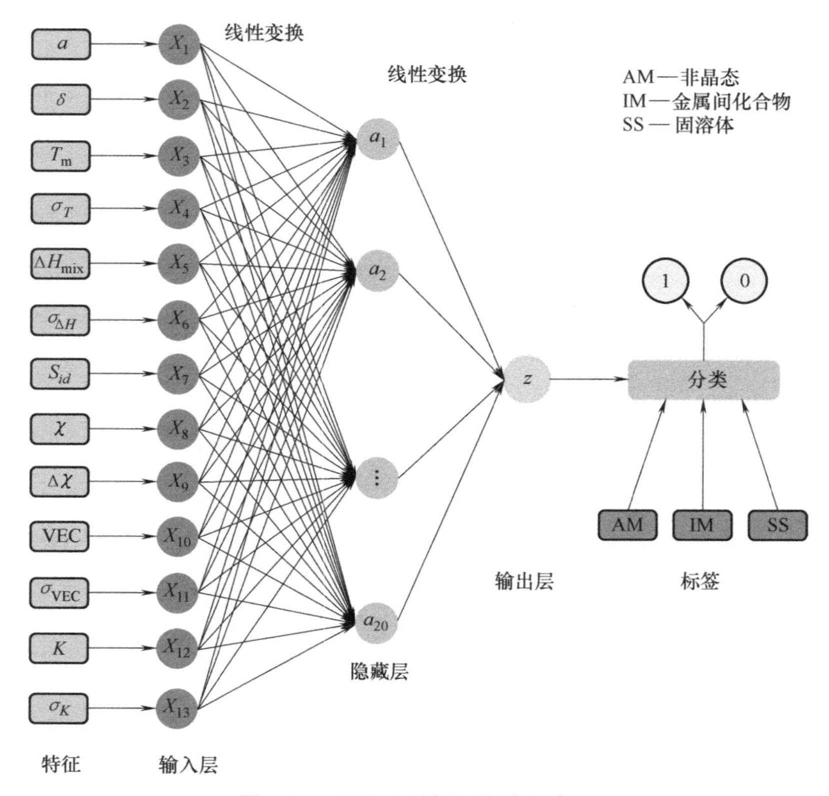

图 5-2　ANN 预测相结构的示意图

大学 Zhang 等人提出了一个系统框架（图 5-3），利用遗传算法（GA）从大量替代方案中有效地选择机器学习模型和材料描述符的最优组合，完成对高熵合金相结构的高精度预测。他们从不同文献中收集了 550 个高熵合金数据，根据相结构信息将其进行两种划分：一种是固溶体和非固溶体；另一种是 BCC、FCC 以及 BCC+FCC。然后根据经验分别构造了包含 70 个描述符和 9 个机器学习模型的搜索空间，利用遗传算法筛选描述符和机器学习模型的最优组合。具体来说，对于每一个机器学习模型，随机生成 100 个描述符子集，利用轮盘赌的方式

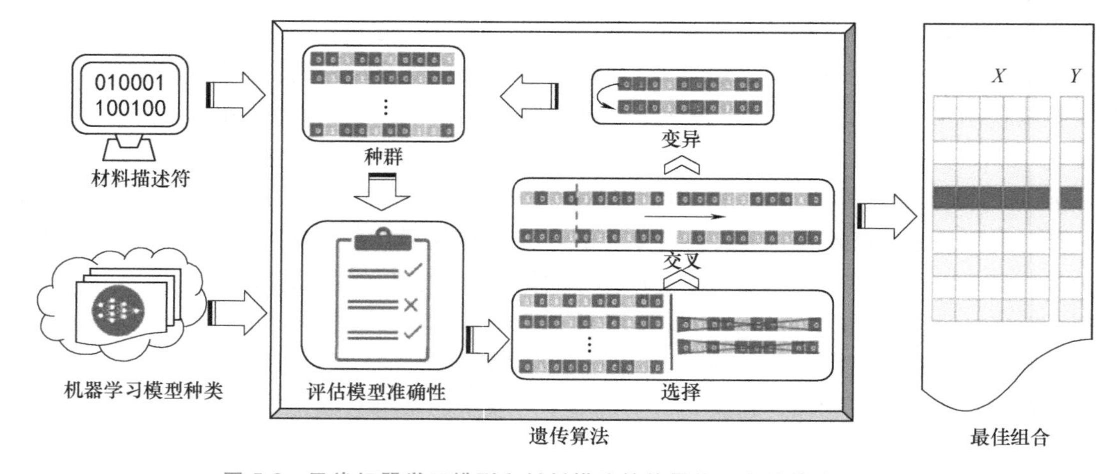

图 5-3　寻找机器学习模型和材料描述符的最优组合的策略流程图

对其中两个描述符子集选择具有更高分类精度的一个，这一过程重复 100 次，以保持初始种群数目不变。为了使搜索过程多样化，分别按照 80%和 1%的概率对描述符子集进行交叉和变异操作，生成大量的新子集。新生成的描述符子集反馈到下一代，并重复选择、交叉和变异操作 50 次。最终发现在第一种分类方式下，具有径向基函数的支持向量机模型的测试结果最好，精度为 88.7%；在第二种分类方式下，使用神经网络算法最好，准确率可达 91.3%。

机器学习模型能够建立输入（描述符）到输出（相结构）的映射，提高预测精度。然而，大多数模型的决策过程和内部机制是难以捉摸的，就像一个“黑盒子”，这限制了研究人员对模型的理解和信任。鉴于此，西北工业大学 Zhao 等人引入一种基于符号回归和压缩感知的可解释的机器学习算法（SISSO）来预测高熵合金的相结构。利用该方法可以获得显性描述符，构建基于描述符的二维映射完成相结构的分类，并且这些描述符仅通过合金成分就可以轻易获得。具体来说，他们选取文献报道过的铸态高熵合金为研究对象，排除了其他因素如热处理和机加工对相结构的影响，经过严格的数据筛选与预处理，获得了一个涉及 33 种元素的 541 个高熵合金数据集。根据这些合金的相结构，设计出一个四阶段二分类方法（图 5-4），即晶体和非晶态（分类-1）、金属间化合物和固溶体（分类-2）、FCC 或 BCC 单相固溶体和 FCC+BCC 多相固溶体（分类-3）以及纯 FCC 和纯 BCC 固溶体（分类-4）。

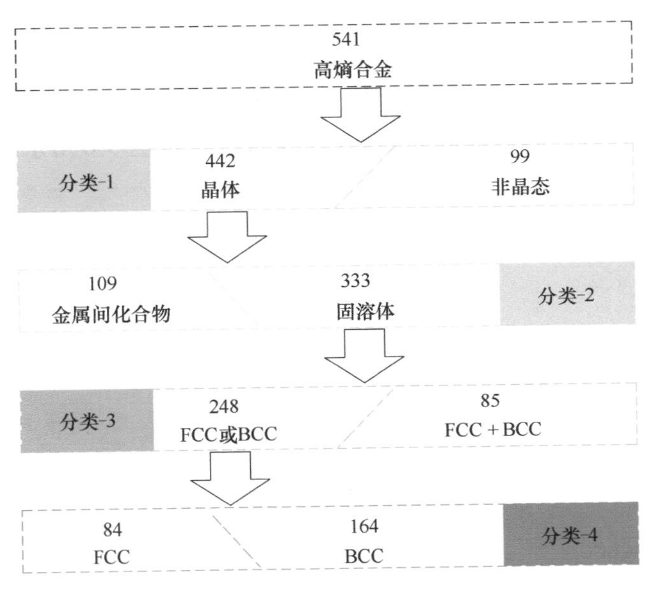

图 5-4　基于 SISSO 算法预测高熵合金相结构流程图

为了构建可解释的描述符，他们借鉴了 SISSO 算法。该算法的实现主要包括描述符空间的扩充和低维描述符的识别。首先利用数学运算符（+、-、* 等）与 85 个初始描述符进行迭代（T）获得新描述符并扩充空间，然后对新描述符进行重要性排序与筛选，获得预测精度最高的描述符子集，定量预测某一具体结构。理论上讲，经验描述符和运算符迭代次数越多，描述符空间越大，越有可能挖掘描述符与相结构的关系，但是迭代次数越多，描述符形式越复杂，计算越困难。每一步二分类的数据集按照 4∶1 的比例被随机分为训练集和测试集，他们分别测试了 $T=0$，1，2 时得到描述符的预测效果。发现相结构预测的准确性都随

着 T 的增加而增加。对于分类-1 和分类-4，当 T 为 0 时，就可以达到接近 90%的预测精度。然而，当 T 从 0 变化到 2 时，分类-2 的精度从 50%增加到 75%，分类-3 的精度从 60%增加到 80%。此外，测试数据的精度与训练数据的精度一致，表明新构造的描述符对高熵合金相结构的预测具有良好的泛化性。因此应综合考虑描述符复杂度、运算效率以及预测精度之间的关系。

新构建的二维描述符对分类-1 到分类-4 训练集的映射结果，如图 5-5 所示。在每个子图中，两个不同颜色的凸边形代表不同的相结构。两个凸边形之间的重叠区域表明，其中的数据很难用该二维描述符区分。在理想情况下，如果两类被完全分开，那么它们之间应该是没有重叠的。以图 5-5a 为例，橙色（浅色）的凸边形包含了标记为 AM 的数据点，而蓝色（深色）的是晶体对应的数据。值得注意的是，一个蓝色的点进入橙色的凸边形中，几个橙色的点位于蓝色的凸边形中，这意味着这些点很容易被误分。在图 5-5a、d 中，即对于分类-1 和分类-4，不同的相结构之间存在较为明确的边界。然而，图 5-5b、c 展示了更大的重叠，这表明对于分类-2 和分类-3 而言，有较多的数据超出了该二维描述符的预测范围。

此外，为了进一步考量新描述符的泛化能力，他们还通过 2 种方式进行了再次验证。首先选取了两个典型的 HEAs 合金体系（Al-Cu-Co-Cr-Fe-Ni 和 V-Zr-Mo-Nb-Ti），利用经验描述符和新得到的二维描述符（图 5-5）分别对这两个体系的相图进行预测，结果发现两者之间存在明显偏差（图 5-6）。具体来说，与图 5-6a 所示预测不确定的小区域相比，在图 5-6c 中有三个相当大的不确定区域。同样，与图 5-6b 所示所有标记为 BCC 结构的成分不同，图 5-6d 所示大部分点不能很好地预测。以上结果表明，即使对于两个典型的合金体系，经验描述符也不能很好地预测相结构。然后选取 7 个新的合金成分（即图 5-6 所示圆圈标记点）进行实

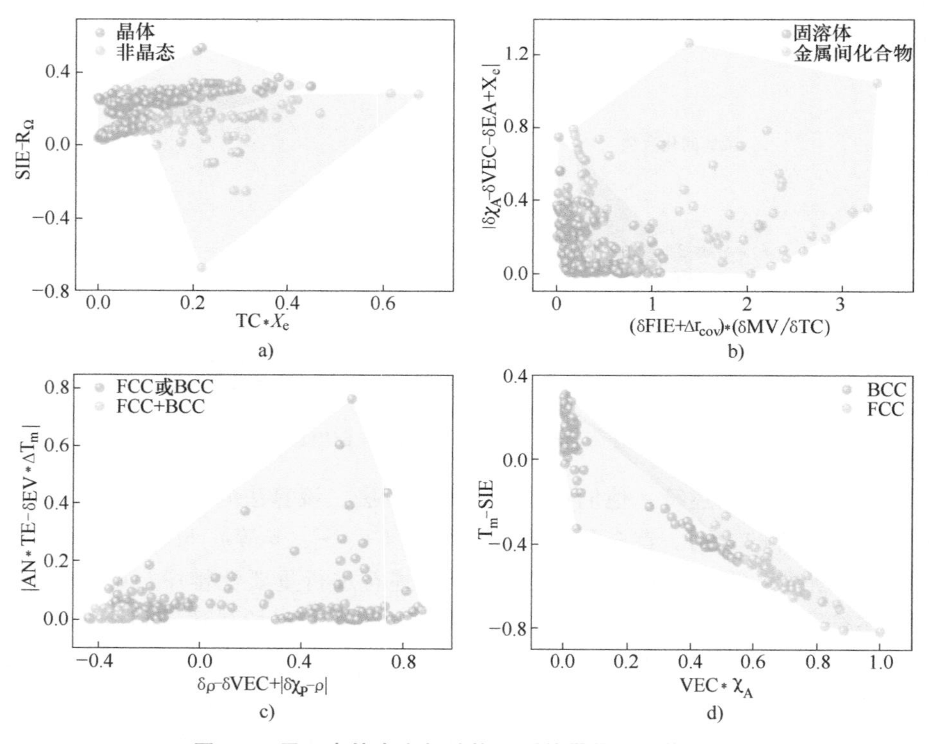

图 5-5　用于高熵合金相结构预测的最佳二维描述符

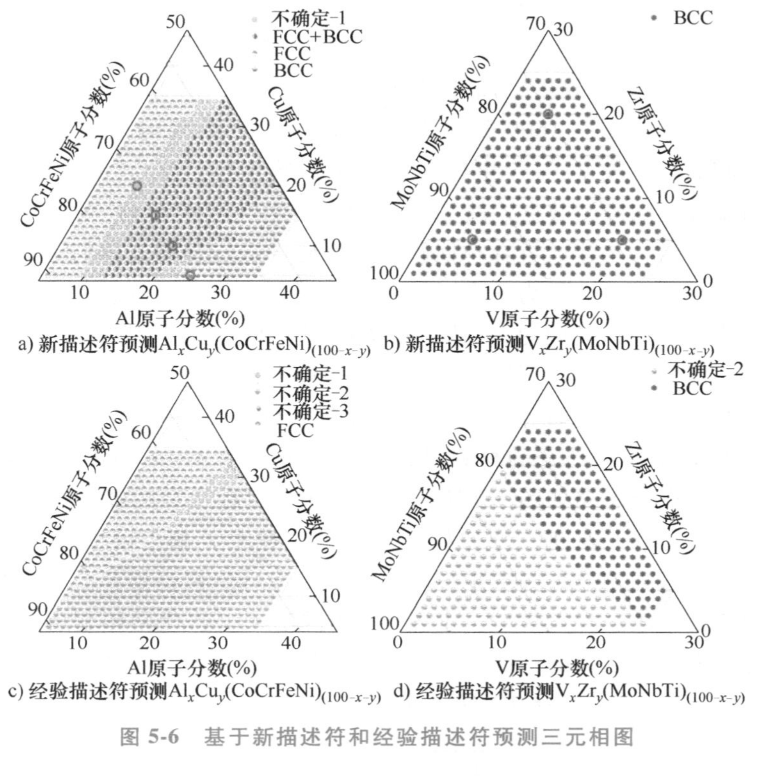

图 5-6　基于新描述符和经验描述符预测三元相图

验验证，6 个合金成分的预测结果与实验结果一致，这表明新描述符确实有较好的泛化能力。此外，还通过实验以及从文献中收集获得了 18 个独立于原始数据集的合金，再次验证了新描述符比经验描述符具有鲁棒性更好的预测能力。

综上所述，目前利用机器学习进行高熵合金相结构的预测，主要是基于已有的经验参数，通过训练模型建立这些参数与相结构之间隐性或显性的对应关系，以指导其成分设计。相对于经验判据，预测精度得到了大幅提升，但由于训练样本以及相结构类型划分的差异，预测结果存在一定的不确定性。总的来说，人工智能技术与材料科学的结合为高熵合金相结构的精准预测提供了新的思路，对高熵合金乃至整个材料科学都具有重要的指导意义。

5.1.2　高熵合金的力学性能优化

材料的性能与成分、工艺以及组织均有密切关系，基于机器学习模型预测相结构属于机器学习中的分类问题，这种方式对于设计满足特定性能需求的高熵合金是间接性的。实际上，还可以采用机器学习技术直接预测强度、硬度等目标性能，从而辅助材料设计，这类问题属于回归问题。近年来，研究人员利用机器学习在高熵合金力学性能预测与成分优化方面也取得了丰硕的成果。

1. 单目标性能优化

（1）硬度　硬度是材料的一种基本力学性能指标。它描述了材料抵抗局部塑性变形或表面划痕的能力。合金的硬度是评价其在工程应用中耐磨性、耐冲击性等的重要性能之一。通过研究合金硬度，可以为合金的合理选择和设计提供重要参考，保证其在工程中具有足够的耐久性和稳定性。由于高熵合金组成元素多样，不同元素及配比会导致性能差异，因此大多数研究人员通常针对某一体系的高熵合金进行性能研究。Dewangan 等人收集到 16 组 AlCrFeMnNiW 高熵合金硬度数据，以化学成分作为输入，构造人工神经网络模型，其中 20%用于测试，20%用于验证，60%用于训练，获得了 93.54%的预测精度，并通过分析合金成分与硬度的相关性，发现了 Ni 和 Fe 对硬度的影响比 Cr、Mn、W 更加显著。Xiong 等人收集到 290 个高熵合金的硬度数据，受到相结构对力学性能的影响，利用 11 个和相结构密切相关的参数作为输入，构建随机森林回归模型对硬度进行预测。他们采用暴力搜索的方法对描述符过滤，最终发现在数量为 6 个时性能预测就趋于稳定，然后利用网格搜索确定该模型的超参数，最终硬度回归模型的 R^2 达到 0.906，模型预测效果优良。

利用机器学习回归模型能够预测高熵合金的硬度，这只是性能优化的第一步。怎样指导目标合金设计、开发新材料是研究人员更为关注的问题。北京科技大学 Wen 等人提出了一种将机器学习模型和实验相结合的材料设计策略，用于在 Al-Co-Cr-Cu-Fe-Ni 体系中寻找高硬度的高熵合金。该设计思路如图 5-7 所示。基于包含每种合金的硬度和成分的数据集来训练 ML 代理模型，并应用于硬度未知的材料空间中的搜索。基于硬度预测和相关的不确定性，利用平衡开发和探索的效用函数来推荐候选实验成分。根据推荐成分进行实验测试并将测量结果纳入训练集来改进代理模型，由图 5-7 中的第一次迭代循环表示。此外，为了纳入更多的材料描述符来提高迭代的性能，还根据相关知识将元素的物理性质作为额外的描述符一起训练 ML 代理模型，如图 5-7 中的第二次迭代循环所示。

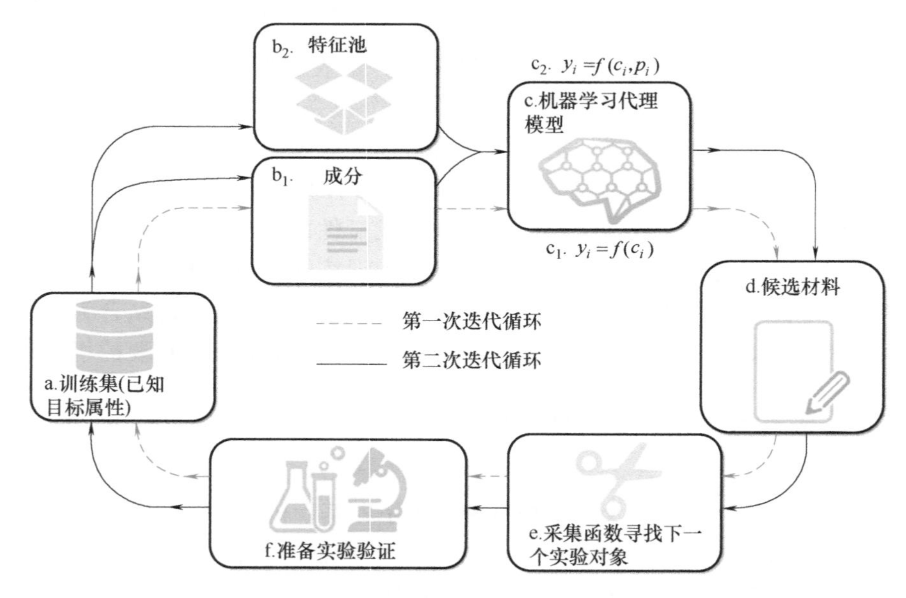

图 5-7 用于加速高熵合金设计的基于机器学习和实验测试的迭代设计思路

基于上述策略，他们以 Al-Co-Cr-Cu-Fe-Ni 体系的高熵合金为研究对象，收集到 155 条数据。通过比较 8 种不同的机器学习代理模型，发现支持向量回归模型具有最低的预测误差，因此将其作为迭代循环的代理模型。在该体系上百万种未知成分搜索空间中，根据第一次循环和第二次循环进行 7 次迭代，各自合成 21 种新的合金。结果发现 35 种合金的硬度值高于训练数据集中的最佳值，有 17 种合金的硬度比训练数据集中的最大硬度提高了 10%以上，最高可提升 14%，该合金是由第二次迭代循环推荐的，如图 5-8 所示。这表明，除合金成分外，将物理描述符引入机器学习模型更有希望优化目标性能。

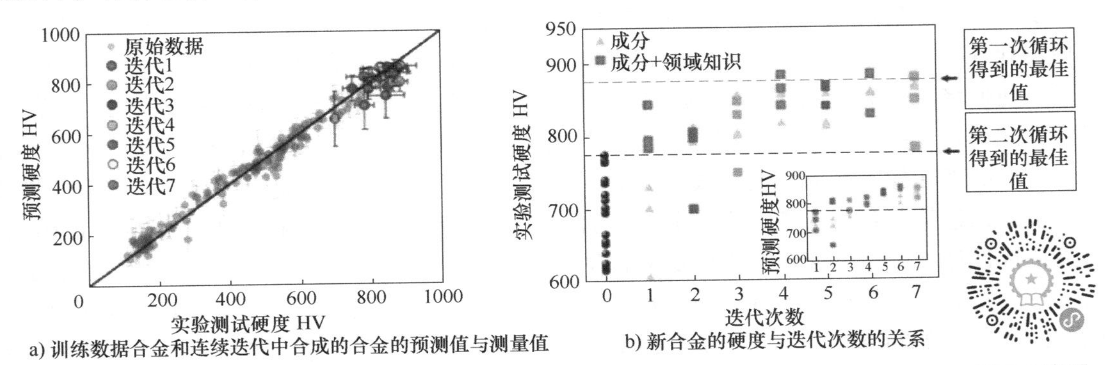

a) 训练数据合金和连续迭代中合成的合金的预测值与测量值

b) 新合金的硬度与迭代次数的关系

图 5-8　第二次迭代循环的结果

图 5-8 彩图

上海大学陆文聪教授团队开发了一种基于机器学习的合金设计系统（MADS）。该方法包括数据库建立、模型构建、成分优化、实验验证四个模块，用以指导合理设计具有高硬度的高熵合金，如图 5-9 所示。具体说来，首先他们通过收集 Al-Co-Cr-Cu-Fe-Ni、Al-Co-Cr-Fe-Mn-Ni 等高熵合金体系的实验结果来构建硬度数据库，经过预处理后，包含涉及 10 种组成元素的 370 条数据，其中四元合金 36 条，五元合金 178 条，六元合金 132 条，七元合金 24 条。描述符的构建是 ML 的基础和前提工作，高质量的描述符会对模型预测产生意想不到的效果，因此，他们从两个最有可能影响高熵合金硬度的方面构建了初始描述符空间，包含 136 个原子属性相关的描述符和 6 个与相结构相关的描述符。描述符的选择是机器学习过程中的关键步骤，目的是从原始描述符空间中获取最具代表性的子集，可以减少模型的计算时间和过拟合的风险，并在一定程度上增强模型的可解释性。因此作者利用四步描述符选择策略识别了影响硬度的关键描述符子集，该子集仅由 3 个原子属性相关的描述符和 2 个与相结构相关的描述符组成。

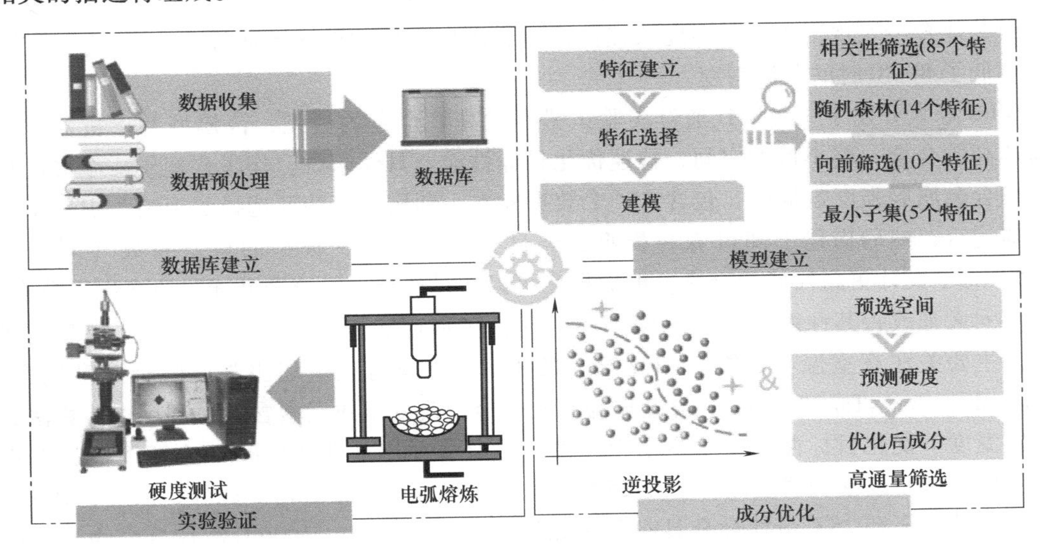

图 5-9　基于 MADS 方法的合金设计图，用于开发具有高硬度的高熵合金

以关键描述符作为输入，采用10折交叉验证的方式，比较了多元线性回归、随机森林、梯度提升等8种ML模型的均方误差（RMSE）和皮尔逊相关系数（R），确定SVR-rbf作为机器学习算法来构建预测HEA硬度的具体模型。为了实现利用机器模型指导高性能HEA的合理设计这一目标，开发了基于模式识别和高通量筛选的逆投影（IP）策略来优化HEA的组成。他们将原始数据集可以分为属性相对较好的“正”样本和属性较差的“负”样本，根据模式识别二维分类图上“正”和“负”样本的分布趋势，在最优区域中设计与具有高性能特性的潜在样本相对应的新投影点。利用逆投影算法推导出投影点在原始空间中的描述符，根据描述符计算出虚拟合金成分，最后计算投影点与生成的虚拟样本之间的欧氏距离，将最接近设计投影点的虚拟样本的成分识别为具有高性能的合金成分。最终合成并表征了三组推荐的新成分，发现了一种合金（$Co_{18}Cr_7Fe_{35}Ni_5V_{35}$）的硬度比原始数据集中最好的合金（920.2 HV）高24.8%，与机器学习模型的误差仅为12.7%，这进一步证明了该策略的可靠性和可行性。

（2）强度　作为一种有望应用于航空航天、汽车、建筑等领域的新型合金，高熵合金的强度是评价其在工程应用中承受外部载荷和应力能力的重要指标。因此借助于机器学习技术预测高熵合金的强度是很有必要的。Xiong等人利用6个对抗拉强度有重要影响的描述符，采用随机森林模型对收集到的71个抗拉强度数据进行预测，待定系数（R^2）达到了0.9498。除了室温强度，机器学习模型在高温强度预测方面也有广泛应用。Bhandari等人在描述符总数和样本总数分别为25和238的数据集上构建了随机森林模型，其中，90%的数据用于训练模型，其余10%的数据作为测试数据，并进行了10折交叉验证，以确保每个数据都能参与模型的训练和测试，模型预测精度达到95%。基于训练的模型分别预测MoNbTa-TiW和HfMoNbTaTiZr合金在800℃和1200℃下的强度，并进行实验测试，结果表明预测误差均小于8%。Klimenko等人以Al-Cr-Nb-Ti-V-Zr体系高熵合金为研究对象，分别收集了其在20℃、600℃和800℃下的强度数据，构建了支持向量机模型。利用自助采样1000次的方法评估模型的性能，结果发现在20℃和600℃下具有良好的预测精度，误差小于20%，但在800℃时，有明显的预测误差。这一现象可能是训练数据集中的某些合金在800℃时发生相变，而其他合金表现出很强的温度依赖性，训练数据集异质性导致屈服强度值的严重分散，从而降低了800℃时的预测精度。

Giles等人开发了一种取代通过实验试错开发高熵合金的模型，该模型基于机器学习策略筛选高熵合金，缩小搜索空间，快速优化目标性能。具体来说，作者构建了一个温度相关的高熵合金屈服强度数据库，包含314个数据样本。利用顺序特征选择的策略，识别了6个关键描述符，然后构建了随机森林模型，经过交叉验证后，模型的待定系数（R^2）高达0.895。为了设计更高性能的合金，他们提出可以通过选择已知合金并通过改变原子分数和/或添加元素来改善其性能。如图5-10所示，讨论了如何通过操纵成分来进一步提高其屈服强度，主要关注在室温（25℃）和高温（1000℃）下具有最大屈服强度的难熔高熵合金。以$Al_{0.2}Mo_{0.1}Nb_{0.2}Ta_{0.1}Ti_{0.1}Zr_{0.2}$合金作为基础合金，改变组成元素含量，利用遗传算法分别在不同温度下优化目标性能，最终在25℃时，优化合金比基础合金提高了90 MPa，即4%，屈服强度的微小改善表明基础合金在25℃时的屈服强度已接近最佳。此外，从图5-10b中可以发现基础合金和25℃最佳合金具有几乎相同的温度依赖性。1000℃最佳合金表现出明显不同的温度依赖性，其屈服强度在25～800℃之间大致恒定。1000℃最佳合金在25℃

（1398MPa）时的屈服强度显著降低，但在1000℃（848MPa）时比基础合金的屈服强度提高了13%。最后还讨论了两种不同温度下作为ML模型输入的每个描述符的变化（图5-10d），其中Ω为熵和焓的贡献比，δ为原子尺寸不匹配度，δG_{Ta}为钽模量畸变，x_{Mo}为钼的质量分数，$\sigma_{0,min0.5}$为基体强度。通过观察描述符值相对于基础合金的变化可以明显看出模型描述符对屈服强度的影响是复杂的并且与温度相关，因此在设计特定温度范围的合金时应考虑的不同物理原理。

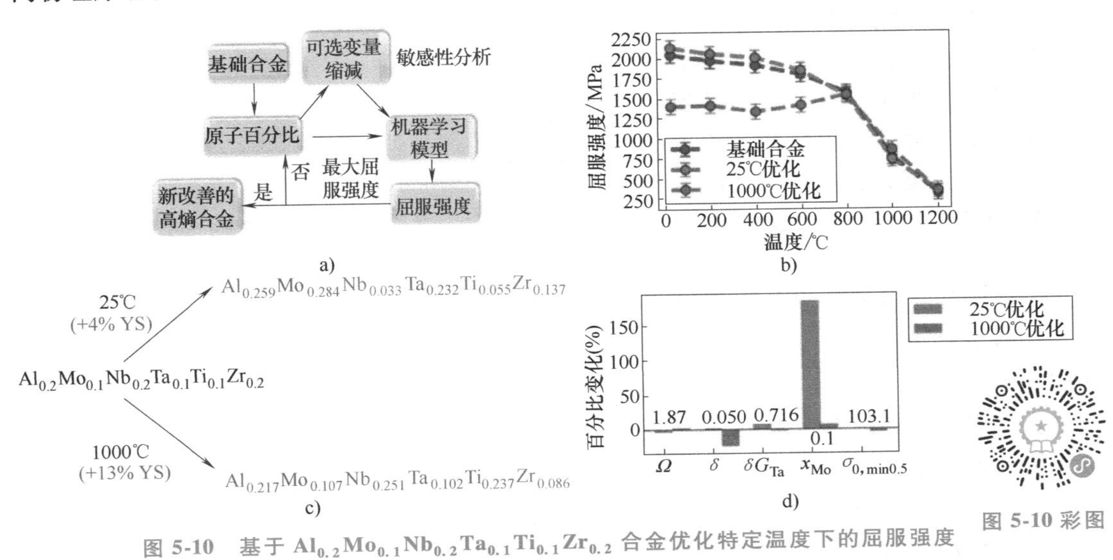

图5-10　基于$Al_{0.2}Mo_{0.1}Nb_{0.2}Ta_{0.1}Ti_{0.1}Zr_{0.2}$合金优化特定温度下的屈服强度

图5-10彩图

（3）弹性性能　在许多工程应用中，合金常常用于承载结构和零件，因此合金材料需要具有良好的弹性性能，以确保在承受外部载荷或应力时能够保持结构的形状和稳定性。Roy等人收集了87个高、中、低熵合金的杨氏模量和10个描述符，采用梯度提升算法预测杨氏模量，回归模型的预测精度可以达到87.76%。然后为了评估模型预测效果，通过实验合成了26个合金成分，并测量它们的杨氏模量，预测结果中有19个误差在20%以内，14个误差在12%以内。随后对影响性能的特征重要性进行分析，发现熔点温度和混合焓是影响杨氏模量最重要的两个描述符，而混合熵对性能并没有显著效果。Kandavalli等人收集到1887个高熵合金的体积模量数据，按照7∶3的比例分割为训练集和测试集，训练了6个回归模型来预测这些合金的体积模量，结果LASSO回归模型获得了最佳结果，测试集的R^2高达0.97，高精度的模型有利于加速新材料的发现。

高熵合金除了在工程领域中具有广阔的应用前景外，在生物医学领域中也有重要的应用价值，超过70%的人体医疗植入物是由金属材料制造的。Ozdemir等人收集到53个高熵合金的弹性模量，包含Ti、Ta、Hf、Zr、Mo、W、V、Al等9种元素。根据经验计算了11个经验描述符，由于原始数据体量较小，为避免过拟合，进行筛选后仅保留了3个最有可能影响弹性模量的描述符（ΔH、VEC、δG）。然后比较了7种ML模型，每种模型用网格搜索的方式优化超参数，最后发现KNN模型具有更低的预测误差。根据该模型，他们在超过50万种候选合金中识别到两种更小弹性模量的合金成分，经过实验测试，发现预测值和实验值吻合良好。

2. 多目标性能优化

上面介绍了借助机器学习技术，高熵合金硬度、强度和弹性性能得到了精准预测并实现了成分的快速优化，但是，现实应用中对材料的性能要求通常是多方面的，单一性能指标往往不能全面满足应用需求。例如，在航空航天领域，新材料既需要具有较高的强度和刚度，又需要具有良好的耐蚀性和耐高温性等综合性能。同时，在进行性能优化与新材料开发时，不同的性能指标之间往往存在相互制约的关系，因此，在新材料开发过程中需要进行多目标优化，平衡不同性能指标之间的关系，以实现最佳的综合性能。

为解决高熵合金强塑性难以平衡这一难题，西北工业大学李洪超等人提出了一种融合领域知识的主动学习循环策略，如图 5-11 所示。该策略由 5 部分组成：数据集建立；代理模型训练；通过领域知识缩小虚拟空间；属性预测和合金推荐；实验验证和反馈。具体来说，他们基于 50 个 Al-Co-Cr-Fe-Ni 体系高熵合金样本，仅以合金成分作为输入构建了关于抗拉强度的支持向量机模型，误差仅为 8%。由于强度塑性的对抗关系，为材料设计带来了困难，而根据经验，大的价电子浓度（*VEC*）有利于塑性的提高，因此他们通过使用价电子浓度准则对候选成分空间进行缩减，最后选取当 $VEC \geqslant 7.5$ 时的 33 万种未知合金进行强度预测。由于原始数据量的限制，机器学习具有一定的误差，仅以模型预测来推荐合金成分可能并不合理，因此他们分别对预测值、预测不确定性以及预期改进最大的成分进行实验测试，并将实验结果反馈到原始数据集。周而复始，迭代六次，随着迭代进行，机器学习学到了更多的知识，新成分的实验与预测误差在逐渐缩小。他们最后成功合成一种极限抗拉强度为 1258MPa、断后伸长率为 17.3%的新型高熵合金（$Al_{19}Co_2Cr_{18}Fe_{21}Ni_{40}$），相较于已有体系，该合金的强度、塑性都得到了显著的提升。

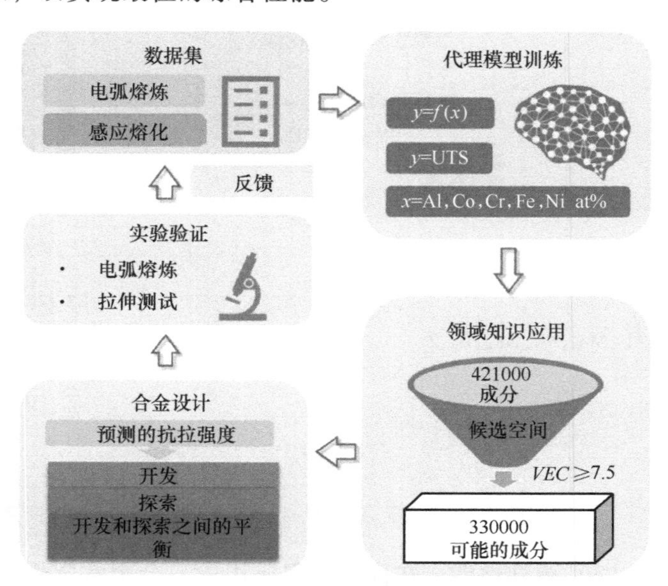

图 5-11 基于主动学习设计高性能高熵合金研究框架

上述多优化策略可称为逐层筛选优化，是利用专家领域知识或机器学习模型，以材料某一性能下限为过滤器，过滤出基本性能满足要求的材料筛选空间，再优化材料另一性能的策略。此外，还可以通过 Pareto 前沿同时进行多目标优化，Pareto 前沿是无差别样本组成空间曲面，Pareto 优化将 Pareto 前沿向非支配解空间推进，通过寻找非支配空间的最优解实现多目标协同优化。Menou 等人将固溶强化物理模型、热力学计算和机器学习相融合，利用 Pareto 优化遗传算法，搜索同时满足单相结构、高硬度和低密度需求的五元以上高熵合金，在 Al、Cu、Fe 等 16 种元素构成的巨大成分空间内，优化出了上千种高熵合金的候选合金成分，选择 $Al_{35}Cr_{35}Mn_8Mo_5Ti_{17}$ 合金进行实验验证，证明了制备的合金为单相固溶体，且满足高硬度（维氏硬度 1.78GPa）和低密度（$7.95g/cm^3$）的要求。

对于合金来说，硬度的增加往往伴随着压缩延展性的降低。因此，设计具有高硬度和适当延展性的高熵合金对其潜在的工程应用至关重要。Ma 等人提出了一种 NSGA-Ⅱ和 ML 相结合的数据驱动框架，以加速具有高维氏硬度（H）和高压缩断裂应变（D）的 HEA 的设计。该框架包括五个模块：数据集建立、特征选择、模型训练和评估、多目标优化和实验验证（图 5-12）。具体来说，他们从已发表的文献中分别得到了 172 个具有硬度和 467 个具有压缩断裂应变的 HEA 数据集。使用 Python 计算了 161 个基于合金成分的描述符，如果所有的描述符都用于建模，ML 模型的误差不一定会最小化，反而会使模型变得非常复杂，并增加过拟合的风险。因此采用 4 步描述符筛选策略进行过滤，最后分别保留了 12 个和 8 个描述符子集用于压缩断裂应变数据集和硬度数据集。利用获得的描述符子集，分别构建了 Lasso、RR、SVR、RF 和 LightGBM 预测模型，进行 10 折交叉验证之后，确定最好的模型分别为 SVR-D 和 LightGBM-H。为了进行多目标优化，引入多目标优化算法（NSGA-Ⅱ），但由于两个预测函数的描述符子集不同，不能直接用作多目标优化的目标函数，因此，作者合并了两个模型的描述符子集，新的描述符子集包括 20 个描述符。多目标优化算法的迭代次数设置为 15000，种群大小设置为 200，变异概率和交叉概率为 0.1 和 0.5，最终得到包含 66 种不同描述符组合的 Pareto 最优集。获得的 Pareto 最优解仅是描述符的组合，而不是合金成分。为了获得最佳的成分，总共生成了 10 万个虚拟样本，对于每个 Pareto 最优解，选择欧式距离最小的前 5 个虚拟样本，总共 330 个（66×5 个 = 330 个）候选样本，去除重复样品后，剩余 105 个不

图 5-12 彩图

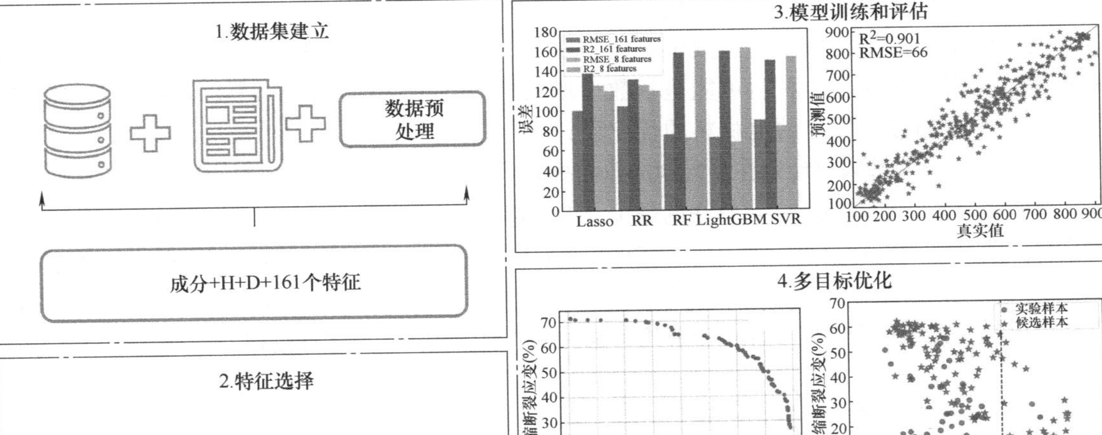
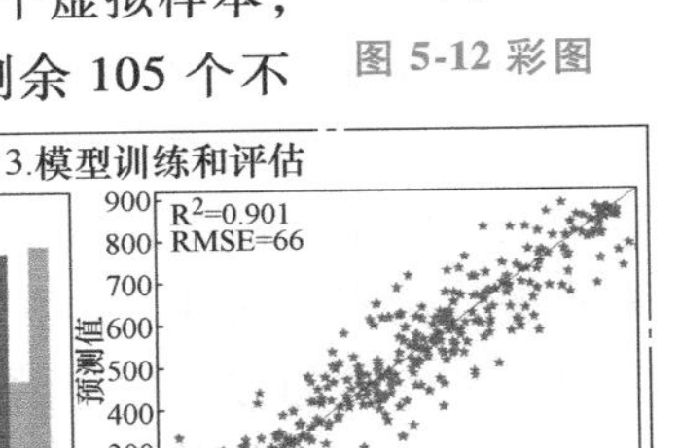

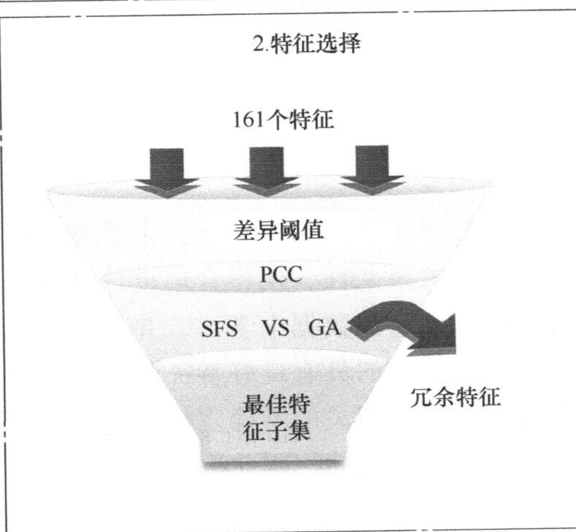

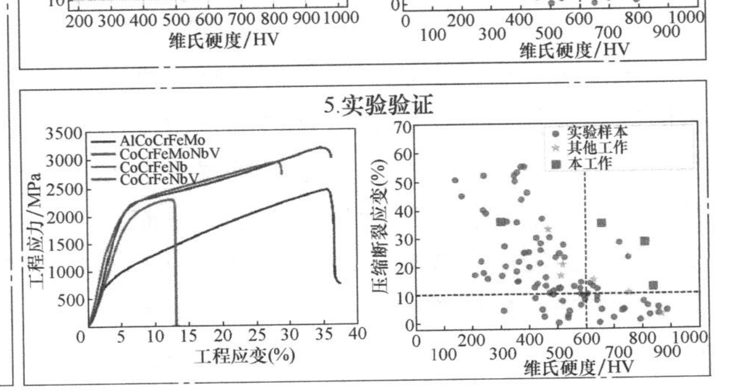

图 5-12　加速多目标高熵合金优化的数据驱动策略流程图

同的 HEA 成分。经过数据分析选择了 4 个成分进行实验验证，其中 3 个合金都得到了高硬度和良好塑性的组合。以上结果证明了该方法的有效性。

高熵合金多主元的成分特点及其表现出的优异力学性能，为高性能合金的设计提供了无限可能，但其灵活的成分配比以及复杂多变的合金体系也为成分的优化带来了巨大挑战。结合机器学习等人工智能技术与材料科学成为一种新的发展趋势，为高熵合金甚至其他材料的开发提供了新的工具和方法。机器学习技术可以通过分析大量的实验数据和计算结果，从中发现隐藏在数据中的规律和模式，帮助科学家更好地理解高熵合金的结构与性能之间的关系，加速新材料的设计和开发过程，推动材料科学领域的进步和创新。

5.2 人工智能在功能陶瓷材料设计中的应用

随着近些年来高新电子技术和信息技术的发展，实现器件小型化、高集成度、高性能，降低设备的体积和成本已经成为新型电子器件和设备开发和应用的重要方向。功能材料，作为这些器件和设备的核心元件，其性能的好坏直接制约了器件在实际中的应用。因而，研究新型的功能材料以及如何提高材料的性能成为当今国际研究的热点领域。

铁电材料是指在居里温度以下发生结构相变产生自发极化的一类功能材料。这类材料，在外场或者应力的作用下，会产生很多独特的电学性能和力学性能，能够实现电能、热能、机械能和光能等能量间的转换。这些特性使铁电材料成为高科技电子器件和仪器中不可或缺的原件。铁电陶瓷的优化设计受到化学成分、微观组织、晶相组成等多方面因素的影响，导致有巨大的未知高维搜索空间。其中，化学成分改性是材料优化设计的基础，但随着掺杂元素种类的增多，所涉及的材料可能呈指数型增长。传统的试错法研究已不再满足设计需求，需要更加有效的方法加速铁电材料的优化设计。

2011 年，材料基因组计划在复兴制造业的战略背景下应运而生。该计划的提出也大大推动了人工智能的发展。随着机器学习算法的进步，人们期望借助于机器学习方法在处理复杂数据方面的优势，将其运用到材料科学研究，改变传统材料的研发模型。利用机器学习挖掘材料数据背后隐含的内部规律，指导新材料的高效设计。目前，机器学习方法已在形状记忆合金、金属玻璃、钙钛矿电池、无机化合物等领域广泛应用，也为铁电材料设计提供了新的研发思路。

5.2.1 纯数据驱动的功能陶瓷设计

1. 主动学习加速具有大电应变的 $BaTiO_3$ 基压电材料的发现

用尽可能少的实验找到具有目标特性的新材料是加速材料发现的关键目标。由于材料中结构的相互作用、化学和微观结构自由度的引入而产生的巨大复杂性，使得合理设计具有目标性能的新材料变得相当困难。机器学习算法可以有效地从已有的数据中学习，并建立目标属性与材料描述符之间的推理模型。然而，可作为学习数据来源的具有良好特征的样本数量通常很少，因此，模型拟合预测相关的不确定性甚至与测量结果相关的不确定性变得巨大而重要。基于推理模型预测的下一个实验或计算的选择很可能是次优的，因此决策需要优化方案来指导实验，利用不确定性在主动学习循环中探索广阔的物质空间能够不断改进预测，减少实验或测量的次数。

在本小节中将介绍通过主动学习来寻找大电应变的压电材料，整体框架如图 5-13 所示。

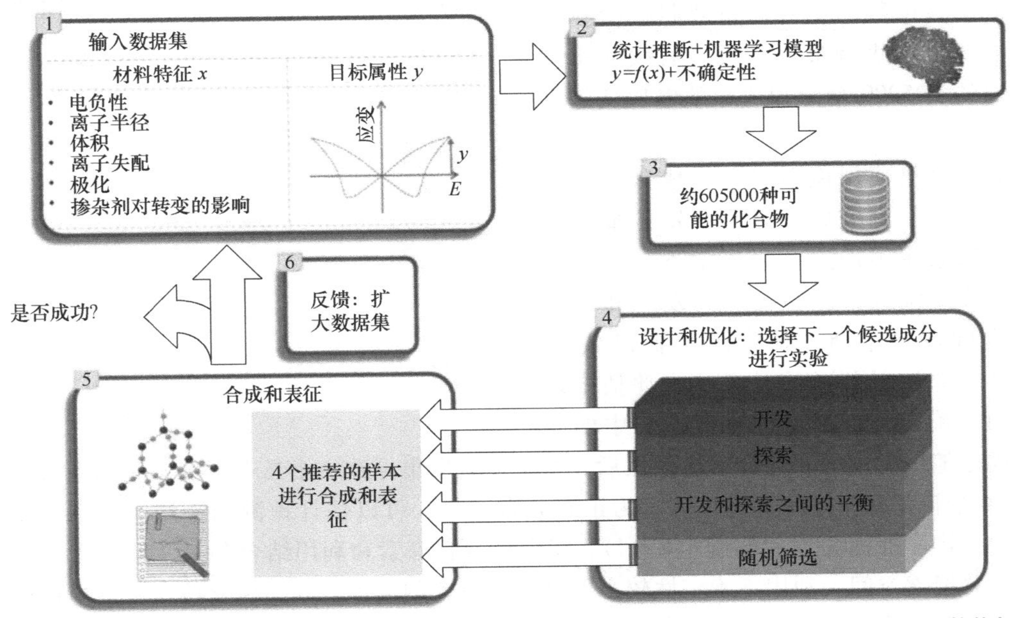

图 5-13　基于机器学习和优化实验设计的主动学习循环加速发现大电应变的高性能压电材料整体框架

进行初始学习的已知样品的数据（训练数据）由测量的特性（20kV/cm 的双极电应变）和材料描述符或特征组成。这些特征对所有未探索的材料都是易于获取的，而且它们在物理上是有意义的，并且应该与属性有关。因此选择元素和结构性质，如电负性、离子半径、理想键距和公差系数作为影响极化和应变的因素，钙钛矿晶胞的 *A* 和 *B* 位的贡献由元素的摩尔分数决定。最终选择了 71 个特征并通过皮尔逊相关性分析后将特征数量减少到 18 个。随后将这些特征作为输入，在数据集上训练了一个经验统计推断模型，以学习输入特征与电应变之间的关系。使用了六种机器学习回归模型算法：Lin、Poly、Lasso、SVR. lin、SVR. rbf、Gboosting。模型训练结果如图 5-14 所示，模型性能统计如图 5-15 所示。

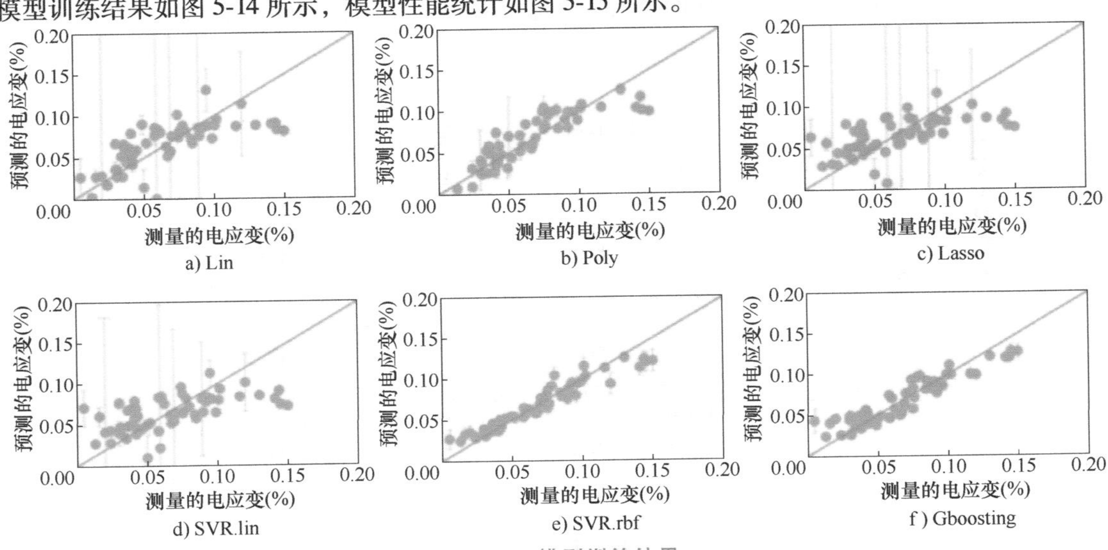

图 5-14　模型训练结果

从模型性能统计的结果可以看到，具有径向基核函数的支持向量回归模型在估计电应变方面表现最好，所以后续使用该模型对约 605000 个未知成分的电应变进行预测。

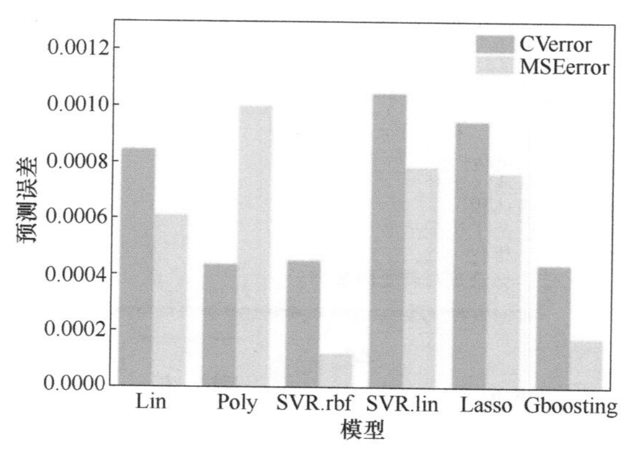

图 5-15　模型性能统计

如果仅仅使用模型对未知成分空间进行探索，所得到的成分并不一定是最优策略。如果采用不确定性来探索下一个最佳候选的搜索空间，能够在“开发”和“探索”之间取得平衡。具体技术细节如下：使用“自举”抽样的统计方法来评估推理模型的不确定性，其中训练数据集中的样本组成是随机生成的，允许替换；然后，每个新数据集导致一个具有自己预测的模型，通过将 1000 个自举样本的不确定性表示为正态分布变量，可以估计预测的平均值和标准差；通过最大化排序准则“期望改进”E（I），确保搜索将探索和利用结合起来，即探索不确定性最大的总搜索空间，利用不确定性较小但平均值较大的搜索空间，引导搜索到全局最优。

图 5-16a 所示为所选择的每种设计方法预测的化合物的合成和表征结果，一共进行了五次迭代反馈循环，四种方法各预测合成了 5 个化合物。每次迭代后，测量新化合物的电应变，得到的结果用来增强训练数据，进行新一轮的回归和设计。从图中可以看出，仅仅经过一次迭代就发现了一个在 20kV/cm 下具有较大电应变的化合物，这比训练数据中的最佳化合物要好。第三次迭代得到的电应变最大的化合物成分为：（$Ba_{0.84}Ca_{0.16}$）（$Ti_{0.90}Zr_{0.07}Sn_{0.03}$）$O_3$。基于开发和探索之间的权衡策略比其他策略表现得更好，它在每次迭代中都产生了最好的执行结果。图 5-16b 所示的设计预测值与实测值略有偏差，但是，趋势和获得的最大应变大致相似。模型的性能如图 5-16c 所示，它比较了从数据和连续迭代中获得的所有测量和预测化合物的电应变。对角线周围有足够的散射，表明模型不是过拟合。从图 5-16a 中可以看出，随机选择化合物进

图 5-16 彩图

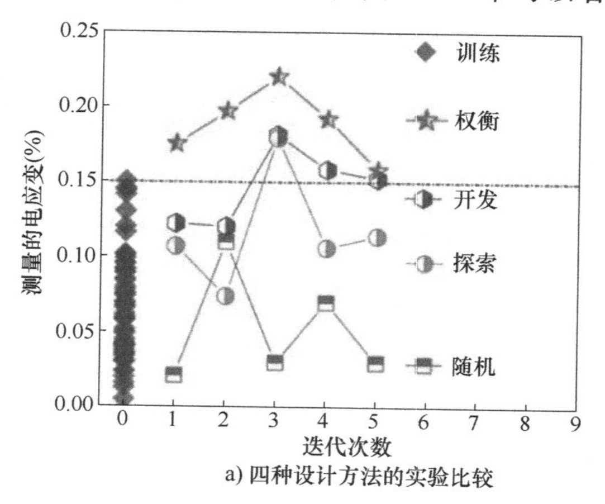

a) 四种设计方法的实验比较

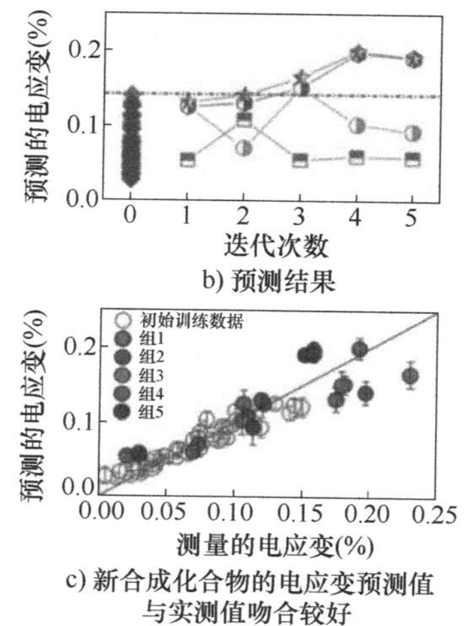

c) 新合成化合物的电应变预测值与实测值吻合较好

图 5-16　四种设计方法

行合成的策略表现最差，纯开发策略优于纯探索策略。

图 5-17a 所示为第三次迭代得到的最佳化合物（$Ba_{0.84}Ca_{0.16}$）（$Ti_{0.90}Zr_{0.07}Sn_{0.03}$）$O_3$ 的实测蝴蝶状电应变-电场曲线，并与训练数据中的最佳化合物（$Ba_{0.84}Ca_{0.16}$）（$Ti_{0.90}Zr_{0.10}$）O_3 以及原型化合物（$Ba_{0.85}Ca_{0.15}$）（$Ti_{0.90}Zr_{0.10}$）O_3 进行对比。在 E=20kV/cm 时，双极电应变为 0.23%，比训练数据中的最佳值提高了 53.3%。使用光子传感器测量的电应变 ε_{33} 与极化 P3 之间的电伸缩系数为 Q_{33} = 0.106m^4/C^2。在 20kV/cm 下，新化合物（$Ba_{0.84}Ca_{0.16}$）（$Ti_{0.90}Zr_{0.07}Sn_{0.03}$）$O_3$ 中 Sn 代替了 3%（原子分数）的 Zr，但是两者具有相同的总 A 位点和 B 位点掺杂浓度。为了了解导致最佳化合物的显著物理特性，将 Sn 浓度从 1%增长到 5%（原子分数）来测量双极电应变。结果如图 5-17b 所示，与预测的一致，电应变在 Sn 浓度为 3%（原子分数）组成处达到最大值。此外，弹性常数作为 Sn 组成的函数在此最佳组成下没有表现出任何异常的弹性部位定性。然而，在相图中正交区的宽度，根据介电常数和损耗 tanδ 数组的峰值确定，在 Sn 浓度为 3%（原子分数）组成时最小，并且在两侧增加，反映了电应变行为。图 5-17c 中展示了第三个循环得到的单极电应变，并与图 5-17a 所示的双极电应变进行比较。在 20kV/cm 时，Sn 浓度为 3%（原子分数）化合物的最大单极电应变值为 0.19%，与实测的蝶形应变曲线中较大的 0.23%值一致。此外 BCT-0.5BZT 化合物在 20kV/cm 时的单极应变为 0.115%，略低于在 Sn 浓度为 0%（原子分数）时的 0.12%应变。图 5-17d 所示的衍射峰表明，正方相和正交相共存，并且由于 T 到 O 的相变温度低于室温，这表明 O 相是亚稳定的。

图 5-17 彩图

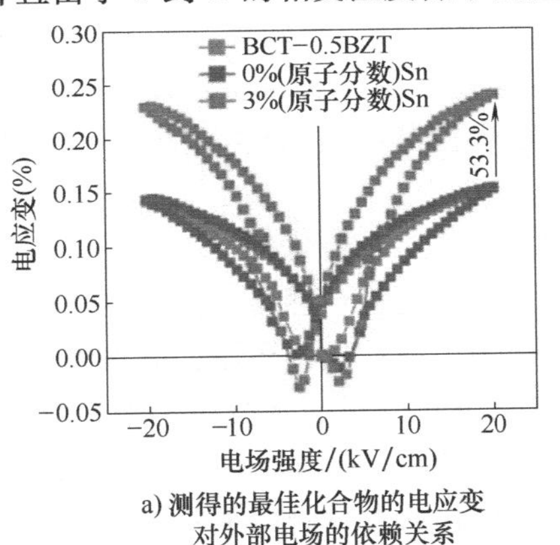

a) 测得的最佳化合物的电应变对外部电场的依赖关系

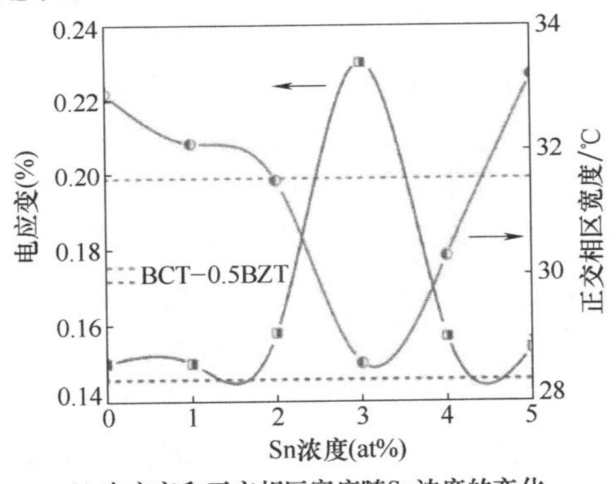

b) 电应变和正交相区宽度随Sn浓度的变化

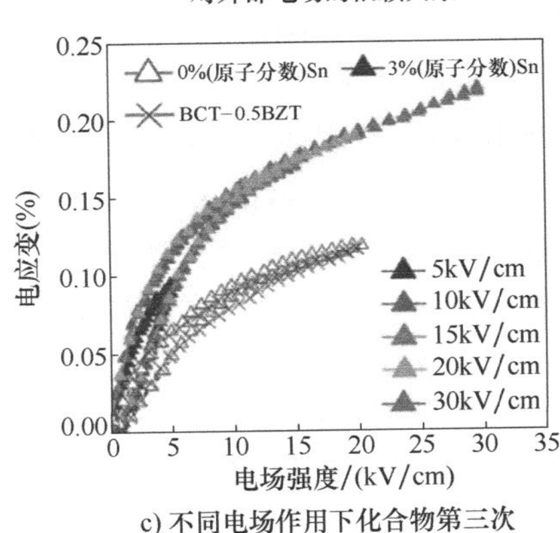

c) 不同电场作用下化合物第三次循环的单极电应变曲线

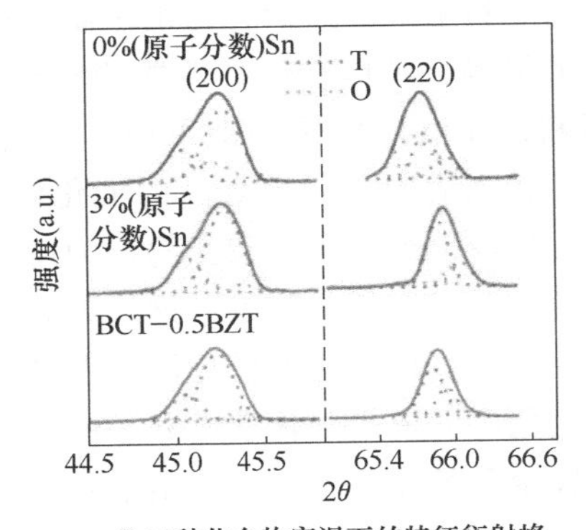

d) 三种化合物室温下的特征衍射峰

图 5-17　验证推断和设计的预测

为了比较几种压电陶瓷的优劣值，图 5-18 所示为掺锡化合物相对于其他无铅和铅基陶瓷的最大单极电应变与大信号压电系数之间的关系，含有 3%（原子分数）Sn 的化合物在平衡大单极应变和大信号压电系数方面表现出优异的性能。

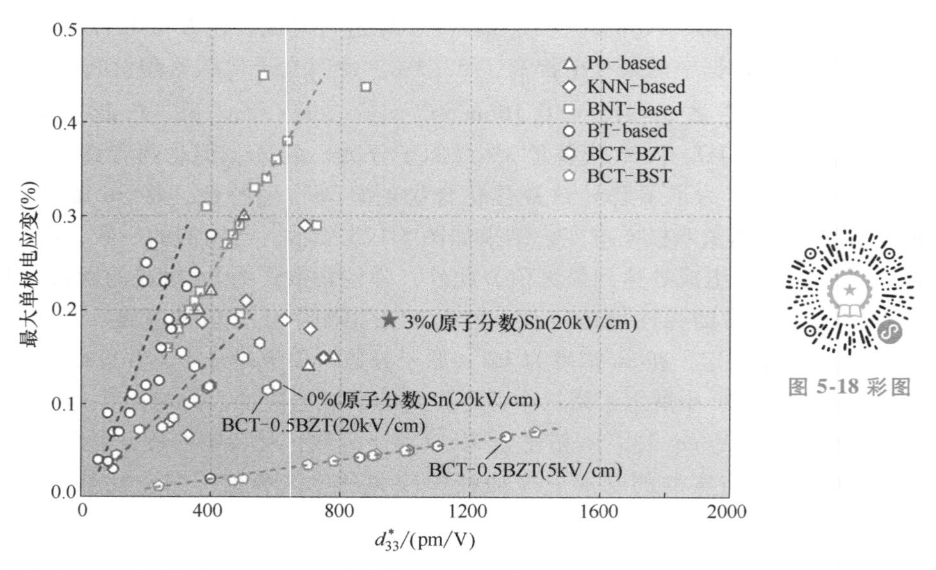

图 5-18 彩图

图 5-18　掺锡化合物相对于其他无铅和铅基陶瓷的最大单极电应变与大信号压电系数之间的关系

本小节的研究结果表明，主动学习方法平衡了探索（使用不确定性）和开发（仅使用模型预测）之间的权衡，为指导材料设计中的实验提供了最佳标准。使用该方法加速了掺杂化合物（$Ba_{0.84}Ca_{0.16}$）（$Ti_{0.90}Zr_{0.07}Sn_{0.03}$）$O_3$ 的发现，而且该化合物在 20kV/cm 下的双极电应变是 BTO 家族中最大的。

2. 通过机器学习加速发现 $BaTiO_3$ 基陶瓷中的高性能压电催化剂

压电性是某些材料将机械能转化为电能的能力，在先进的传感器、换能器和电子产品中得到了广泛的应用。近年来，由机械振动产生的极化场为各种氧化还原反应提供有效动力的压电催化在压电研究中引起了广泛关注，应用范围从染料降解、水分解到有机化合物的合成。与传统的催化技术相比，压电催化利用了普遍存在的机械振动，使其易于实现和得到更广泛的应用。与其他催化材料类似，迄今为止对压电催化的大量研究主要集中在更小尺寸和不同形态的纳米粉末上。然而，与纳米制造相关的加工和高成本不仅阻碍了它们的大规模应用，而且严重阻碍了对具有更高性能的复杂化合物的寻找和设计。到目前为止，约 80% 的 $BaTiO_3$ 基材料的压电催化研究都采用了最简单的纯 $BaTiO_3$。然而，与其他铁电材料相比，它们的压电性相当适中。获得更高的催化效率仍然是压电催化领域的突出挑战之一。近年来，传统固相反应合成的压电陶瓷粉末为压电催化应用提供了新的途径。陶瓷粉末的合成具有工艺相对简单和成本低的优点，这使大规模应用成为可能。此外，在大的组成空间设计的压电催化剂朝着更优越的压电催化性能发展。然而，与纳米颗粒相比，陶瓷粉末的比表面积更小，使得优化高度依赖于化学成分。由于迄今为止研究的材料相对于元素的巨大组成空间而言，相对较少和稀疏，因此必须结合机器学习（ML）和优化提供的策略来有效地搜索和加速设计过程。

图 5-19 所示为以压电系数为目标特性的整体机器学习过程。描述符池由基本元素性质

组成，如尺寸、电化学、原子序数和键参数。在建立回归模型作为代理模型后，结合模型的预测值和相关不确定性，指导在广阔的搜索空间中寻找 d_{33} 高的成分。在该研究中只关注 $(Ba_{1-x-y}Ca_xSr_y)(Ti_{1-u-v-w}Zr_uSn_vHf_w)O_3$ 体系，其中 Ca、Sr、Sn、Hf 是 $BaTiO_3$ 基陶瓷体系中最常用的掺杂元素，相应的体系迄今积累了大量的实验数据，有利于数据挖掘。训练数据由 191 个已知 d_{33} 值的样本组成。使用的描述符包括离子半径、电负性、有效核电荷和其他描述符，这些描述符在以前的研究中被广泛使用。每种陶瓷的材料描述符是通过对元素的分数组成进行加权得到的。同时也将离子半径、电负性和有效核电荷的描述符综合、差值、平均值和比值也添加到描述符池中。

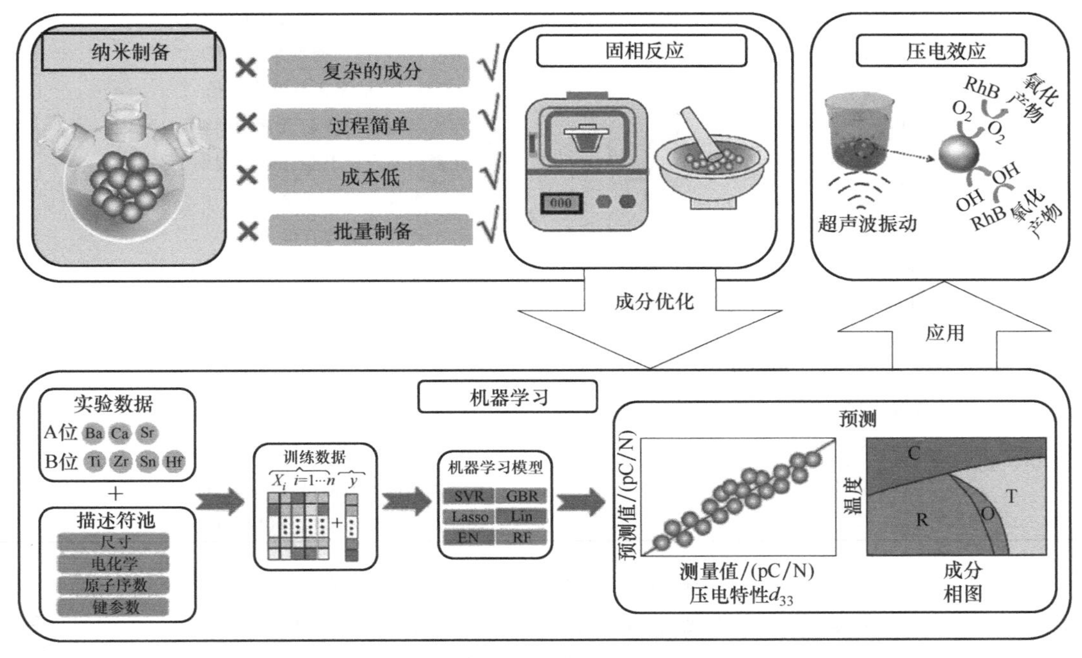

图 5-19　以压电系数为目标特性的整体机器学习过程

基于建立的描述符池，首先对特征进行筛选，主要包括三部分：Pearson 相关分析、模型选择和使用包装方法提取描述符组合，使拟合误差最小。首先使用 Pearson 相关系数对相对关系数大于 0.8 或小于 0.8 的特征进行分组，如图 5-20a 所示。在每个组中，选择一个与目标属性相关的描述符，并代表该组中的其他描述符，具体的特性分组细节见表 5-1。有 3 个描述符与其他描述符无关，选定的 6 个描述符分别是八面体因子（μ）、Matyonov-Batsanov 电负性（EN-MB）、相对原子质量（W）、价电子数与核电荷比（Vec/Z）、核心电子距离（Rdce）和极化率（DP）。接下来，使用几种 ML 模型包括径向基函数支持向量回归（SVR. rbf）、线性回归（Lin）、梯度增强回归（GBR）、随机森林（RF）、岭回归（Ridge）和弹性网（EN）等，如图 5-20b 所示。

表 5-1　A 位和 B 位元素的描述符池中的原始描述符

描述符	定义
R_A(Å)	香农 A 位的离子半径(12 配位)
R_B(Å)	香农 B 位的离子半径(12 配位)

（续）

描述符	定义
AR_A(Å)	A 位元素的原子半径
AR_B(Å)	B 位元素的原子半径
A—O_A(Å)	理想的 A—O 键距离
A—O_B(Å)	理想的 B—O 键距离
V_A	A 位元素的原子体积
V_B	B 位元素的原子体积
CVW_A	A 位元素的晶体学范德华半径
CVW_B	B 位元素的晶体学范德华半径
EVW_A	A 位元素的平衡范德华半径
EVW_B	B 位元素的平衡范德华半径
PE_A	元素周期表中 A 位元素的周期
PE_B	元素周期表中 B 位元素的周期
$Rcov_A$	A 位元素的共价半径
$Rcov_B$	B 位元素的共价半径
$Rdve_A$	A 位元素的价电子距离（Schubert）
$Rdve_B$	B 位元素的价电子距离（Schubert）
W_A	A 位元素的相对原子质量
W_B	B 位元素的相对原子质量
EFF_A-S	A 位元素的核有效电荷（Slater）
EFF_B-S	B 位元素的核有效电荷（Slater）
EFF_A-C	A 位元素的核有效电荷（Clementi）
EFF_B-C	B 位元素的核有效电荷（Clementi）

为了进一步筛选描述符，使用 SVR. rbf 算法与包装为基础的方法，测试所有可能的集合和子集的组合的描述符。结果如图 5-20c 所示，四元组描述符的误差最小，其中 μ、EN-MB、Vec/Z 和 Rdce 组合的误差最小。为了评估回归模型的预测性能，将数据八二分。图 5-20d 所示为模型预测值和真实值的对角线图，显示了 ML 模型较好的预测性能。

图 5-20 彩图

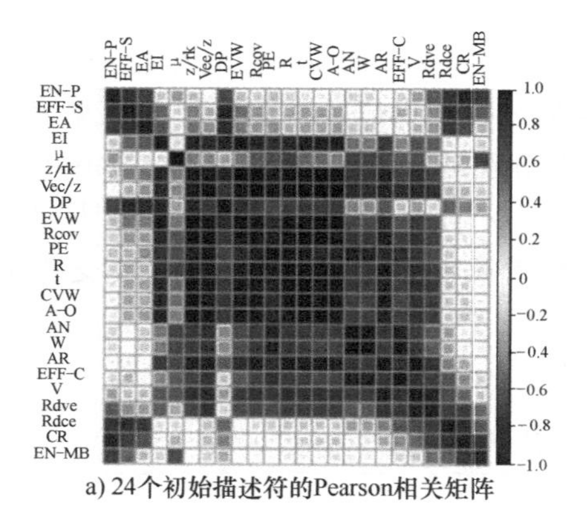

a) 24个初始描述符的Pearson相关矩阵

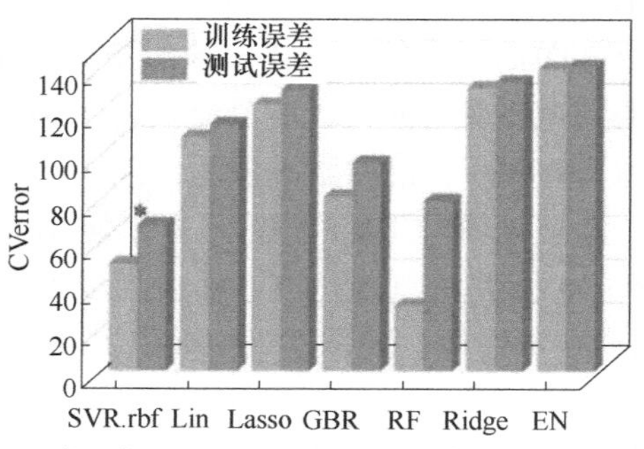

b) 使用定义的μ、EN-MB、W、Vec/Z、Rdce和DP 6 个描述符进行模型选择

图 5-20 压电系数 d_{33} 的描述符选择

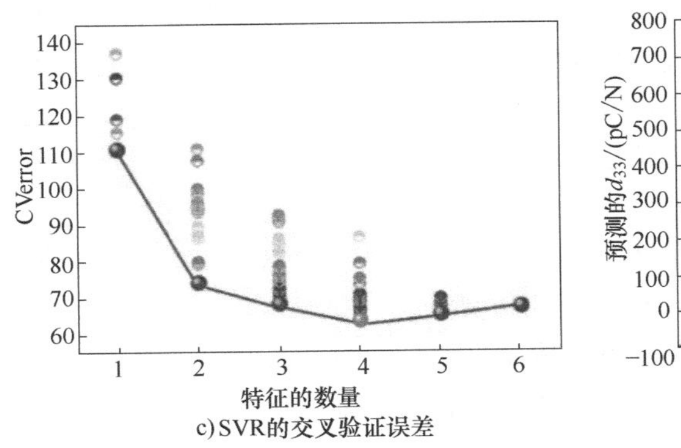

c) SVR的交叉验证误差

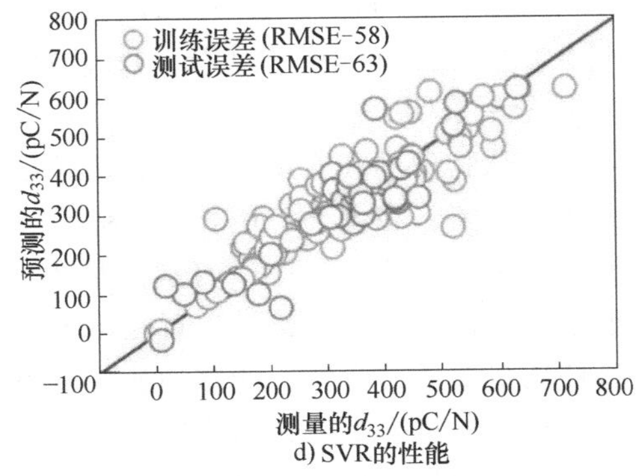

d) SVR的性能

图 5-20　压电系数 d_{33} 的描述符选择（续）

模型建立后在 3101147 个可能的成分空间中进行搜索，然后找出 d_{33} 最大的样品。表 5-2 列出来按 d_{33} 值排序的前 10 个组分。

表 5-2　按 d_{33} 值排序的前 10 个组分

Ba	Ca	Sr	Ti	Zr	Sn	Hf	d_{33}
0.95	0.04	0.01	0.9	0	0.1	0	635±67
0.94	0.04	0.02	0.9	0	0.1	0	634±68
0.95	0.05	0	0.9	0	0.1	0	633±70
0.96	0.04	0	0.9	0	0.1	0	631±65
0.94	0.05	0.01	0.91	0	0.09	0	628±39
0.93	0.04	0.03	0.9	0	0.1	0	626±67
0.93	0.03	0.04	0.9	0	0.1	0	623±63
0.94	0.03	0.03	0.9	0	0.1	0	622±62
0.94	0.05	0.01	0.9	0	0.1	0	621±64
0.92	0.03	0.05	0.9	0	0.1	0	620±64

为了深入了解压电材料的成分-性能关系，将本研究中的 d_{33} 预测与系统（$Ba_{1-x}Ca_x$）（$Ti_{0.9}Sn_{0.1}$）O_3 的相图预测结合起来，这可以通过建立阶段的分类模型来实现，如图 5-21a 所示。在特殊的相界处，如准同型相界（MPB）区域压电相应增强，MPB 区域内的相变是一个多相共存和极化旋转的渐进过程，而不是一个突然的变化。在这种情况下，在菱形-四方（R-T）相

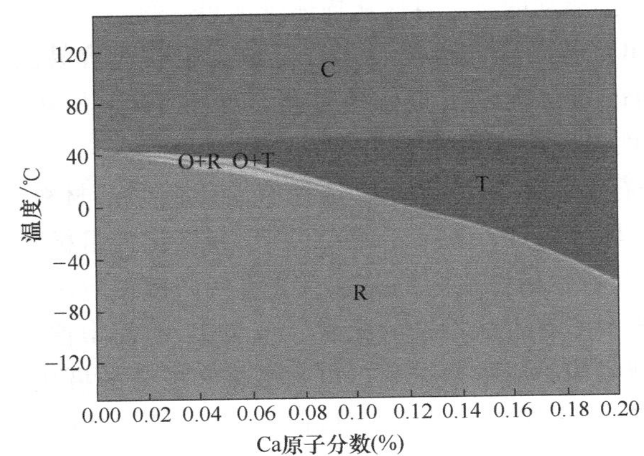

a) $(Ba_{1-x}Ca_x)(Ti_{0.9}Sn_{0.1})O_3$的相图

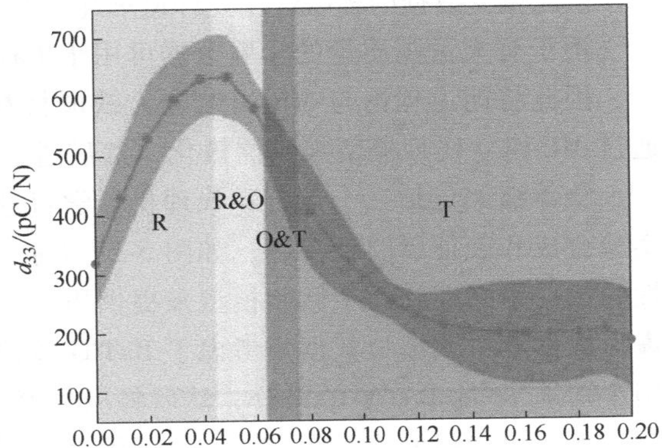

b) d_{33}在回归模型中跨相的成分依赖性

图 5-21　使用分类模型预测

边界内存在一个狭窄的正交（O）相区域，使得 MPB 区域进一步细分为连续的 R-O 和 O-T 相变。在 $BaTiO_3$ 基陶瓷中，$Ba(Zr_{0.2}Ti_{0.8})O_3$-50$(Ba_{0.7}Ca_{0.3})TiO_3$ 的高分辨率同步 X 射线衍射（XRD）分析表明，在 MPB 区 T 相和 R 相之间存在一个中间正交相（O），导致了强烈的压电效应。从物理学和实用材料设计的角度来看，了解压电效应在 MPB 区域内达到最佳值的位置至关重要。在图 5-21b 中，绘制了室温下组成相图中预测的 d_{33} 值。d_{33} 随 Ca 含量的增加而不断变化，在 $x=0.05$ 时达到最大值 633pC/N。在 R 相、O 相和 T 相共存的 MPB 区域附近达到峰值，最大值恰好出现在 R 相附近的边界处。

通过使用机器学习方法，能够加速在多组分体系采用常规固相反应法制备具有高压电性能陶瓷的发现。通过人工筛选的描述符，建立描述符与目标性能之间的关系，可以直接对材料的性能进行预测从而加快材料的设计过程。

5.2.2 数理结合的功能陶瓷设计

1. 结合朗道理论、机器学习，合成优化 $BaTiO_3$ 基室温铁电体的热效应

朗道自由能描述了铁电材料自由能与序参量（P）之间的关系，由此可以计算出可以评估电性能的熵变 ΔS，如图 5-22a 所示。然而，即使对于这种齐次模型，由于朗道系数的不确定性以及不存在长程和非局部相互作用，熵变可能偏离实际值。更重要的是，对于未知化合物，其组成与朗道系数之间通常缺乏一对一的对应关系。这阻碍了对未探索的组成空间中化合物性质的预测以及预测具有给定目标性质的材料成分。

另一方面，通过从数据中了解掺杂元素类型、组成和性质之间映射关系的代理模型，可以规避与朗道模型相关的逆问题。许多研究中采用了机器学习（ML）中的数据科学工具来构建这样的代理模型，以指导材料的合成，包括具有目标性能的合金和铁电材料，如图 5-22b 所示。在这种纯数据驱动的方法中，实验/计算数据通常作为模型学习的对象，首先拟合数据以构建模型，然后使用统计实验方法来推荐合金的候选对象。代理模型的输入是描述掺杂元素和其组成和其对属性影响的描述符，输出是预测相应的合成化合物。这种方法需要足够多的训练数据来构建一个稳健的模型，以保障预测和选择验证的候选对象。然而对于铁电材料中的热效应，无论是直接测量还是间接表征都是费时费力的，因此可用的数据集非常有限，因此熵变数据的稀缺性不允许追求纯粹的数据驱动的方法直接从描述符预测熵变。

由于有大量高质量的实验数据可用于 $BaTiO_3$ 基陶瓷的极化行为并且数据也相对容易获得，因此将朗道理论与 ML 相结合为铁电材料的设计提供了另一种思路，如图 5-22c 所示：通过 ML 建立代理模型来预测极化，然后通过朗道模型来预测极化的熵变 ΔS。

整体框架包括三个部分：代理机器学习进行预测，实验设计以选择有希望的候选材料，实验合成和表征以验证预测，如图 5-23 所示。具体而言，①基于两个以 T_c 和极化为目标属性的数据集，训练两个回归模型来提供描述符和目标属性之间的关系；②将回归模型应用于虚拟数据集，该虚拟数据集考虑了 $BaTiO_3$ 基体中所有可能掺杂的元素，预测 T_c 的模型首选用于筛选 T_c 低于室温的组分，然后将极化模型应用于所得数据集，以预测未知成分的极化；③基于预测和相关的不确定性，通过优化选择算法选择一个候选成分进行实验验证，新的结果增强了初始训练数据，然后执行下一次迭代，循环四次后合成四种新的组合物。

未知成分空间如下：$(Ba_{1-x-y}Ca_xSr_y)(Ti_{1-u-v-w}Zr_uSn_vHf_w)O_3$，$x$、$y$、$u$、$v$、$w$ 为元素的

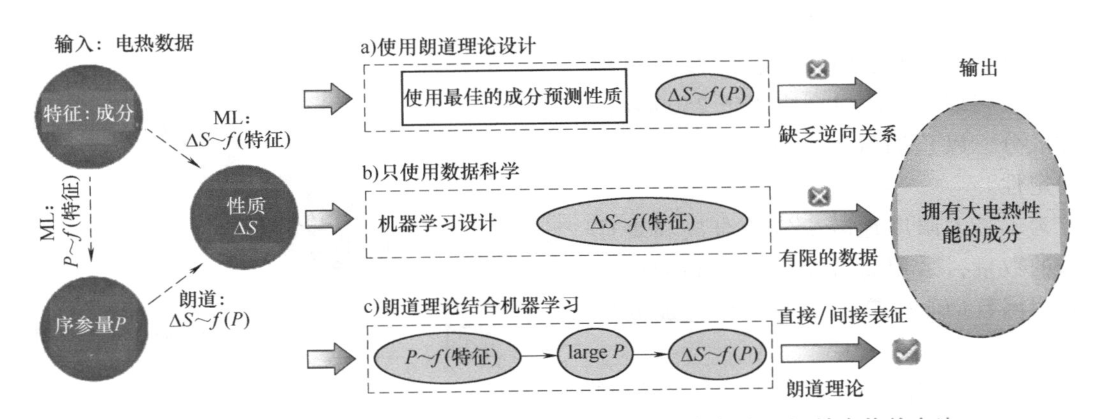

图 5-22　利用机器学习和理论结合设计具有增强热效应（ΔS）铁电体的方法

摩尔分数，经过限制元素的范围，总共有 9414886 种可能的成分。

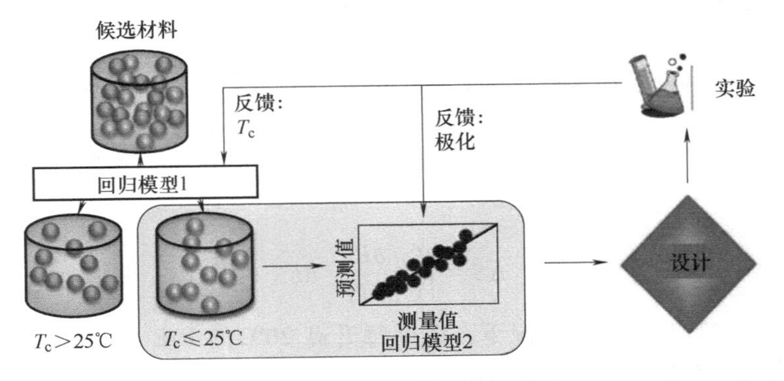

图 5-23　通过机器学习、主动学习、实验验证相结合的框架来选择候选材料

首先使用五个描述符，即 NCT、D、t、AV 和 ENP 预测 T_c，其中 NCT 代表阳离子对从准电相到铁电相居里温度的影响，D 为 Ti-O 八面体中阳离子的位移，t 为常用于描述钙钛矿几何形状对钙钛矿畸变影响的容差因子，AV 为原子体积，ENP 为元素电负性，总共有 195 条数据，训练集和测试集按照 8∶2 划分。如图 5-24 所示，在训练数据和测试数据中模型的 R^2 均高达 0.96，表明模型具有良好的泛化性能。然后，将训练好的模型应用于 9414886 种未知成分的虚拟空间以预测每种成分下的 T_c。将 T_c 在 0~25℃范围内的成分过滤出来，共保留 250000 种成分，并从这 250000 种成分中找出极化较大的成分。

图 5-24 彩图

随后，使用包括 230 个成分的数据集来构建极化的代理模型。所使用的描述符有 NCT、t、DB 和 P。DB 值与 D 值相似、P 是元素极化率。所使用机器学习算法为基于 Kriging 的高斯过程和指数函数。如

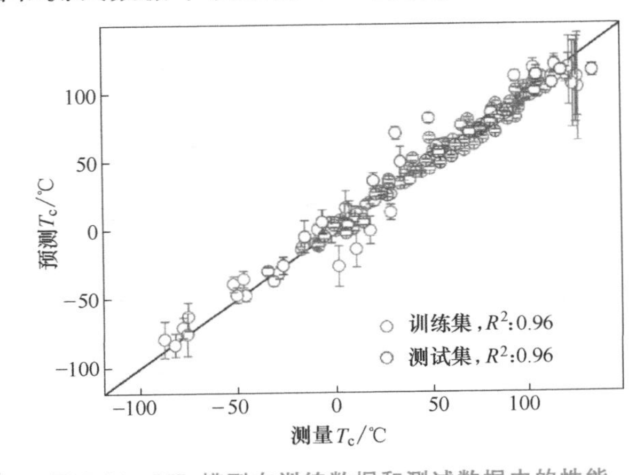

图 5-24　ML 模型在训练数据和测试数据中的性能

图 5-25 所示，测试数据集中所有的点都接近对角线，R^2 值为 0.83，表明模型很稳健。随后将训练好的模型应用于 250000 种未知成分，以预测每种成分的极化和相关不确定性。

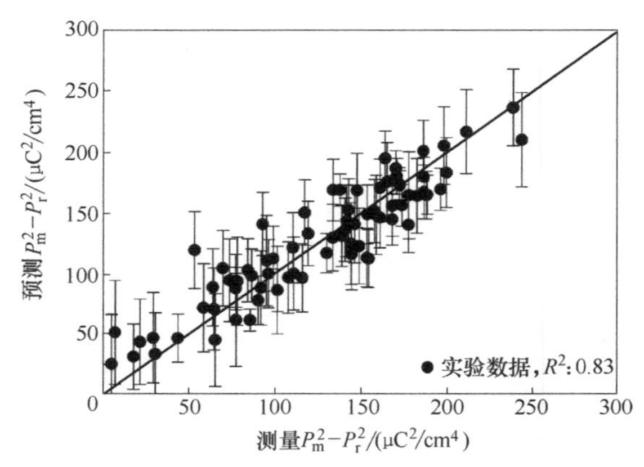

图 5-25　极化的 ML 模型

为了最大限度地减少实验合成和表征步骤的数量，采用高效全局优化和期望改进效用函数（$E[I(x)]$）来指导候选成分的选择。

利用这种方法，可以在 $E[I(x)]$ 的基础上选择最有前途的大极化化合物合成。最终得到了四种组成：$(Ba_{0.86}Ca_{0.12}Sr_{0.02})(Ti_{0.83}Zr_{0.13}Sn_{0.04})O_3$；$(Ba_{0.83}Ca_{0.07}Sr_{0.10})(Ti_{0.85}Zr_{0.14}Sn_{0.01})O_3$；$(Ba_{0.82}Ca_{0.05}Sr_{0.13})(Ti_{0.89}Zr_{0.01}Sn_{0.10})O_3$ 和 $(Ba_{0.89}Ca_{0.11})(Ti_{0.88}Zr_{0.01}Sn_{0.11})O_3$。

选出四种候选成分后，使用间接和直接的方法对它们的熵变进行实验验证，并与朗道模型的预测进行比较。假设麦克斯韦热力学恒等式 $\left(\frac{\partial P}{\partial T}\right)_E=\left(\frac{\partial S}{\partial E}\right)_T$，施加和移除电场时的熵变可以表示为

$$\Delta S=\int_{E_1}^{E_2}\left(\frac{\partial P}{\partial T}\right)_E \mathrm{d}E \tag{5-1}$$

图 5-26a 所示为在 20kV/cm 情况下，温度每升高 20℃的 P-E 回路。不同电场下极化随温度的变化曲线如图 5-26b 所示。从图中可以注意到，对于一阶相变，极化相对于温度具有不连续性，并且麦克斯韦关系依赖于遍历性、连续性和单值性的假设。然而，掺杂元素后可以使曲线得到填充，导致 P 的轮廓连续而不是不连续的。对于图 5-26b 所示的 Sn 掺杂样品，在整个转变温度冷却后，极化几乎连续增加，表明一阶相变较弱。四种化合物比热容的温度依赖关系如图 5-26c 所示，图 5-26d 所示为四种化合物 ΔT 随温度的变化。实线和虚线分别对应于在 20kV/cm 和 10kV/cm 下测得的 ΔT，四种化合物 ΔT 峰值均出现在室温附近，这与图 5-26c 所示曲线

图 5-26 彩图

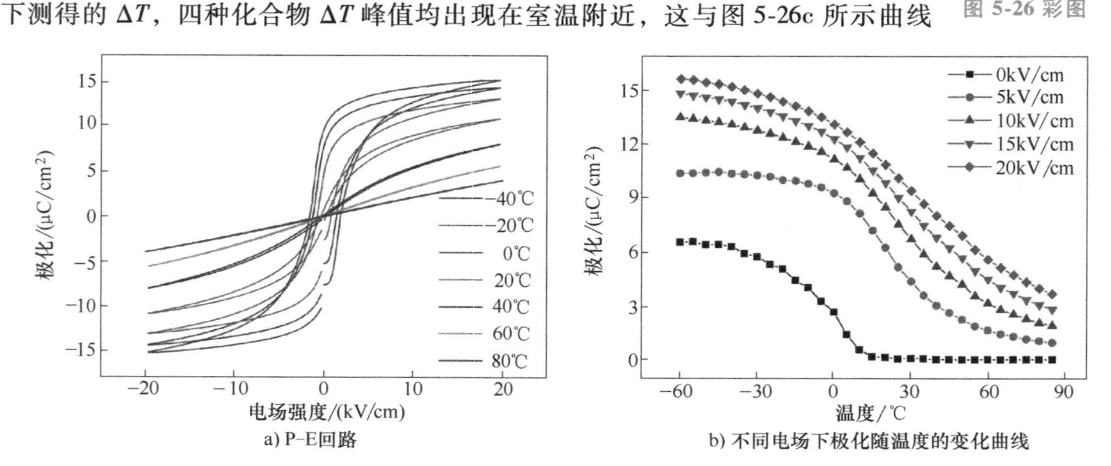
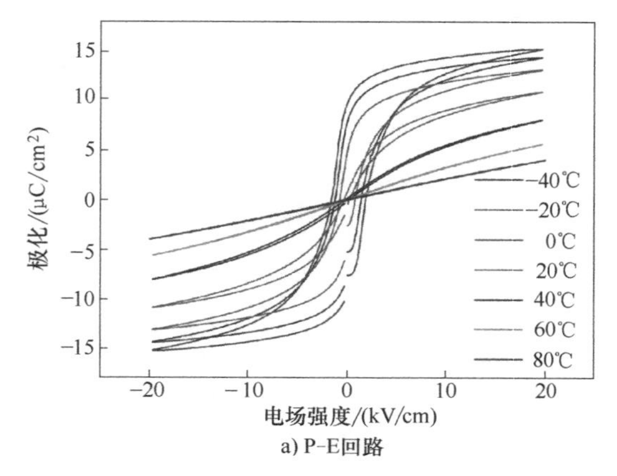

图 5-26　合成的四种化合物的 ECE 行为表征

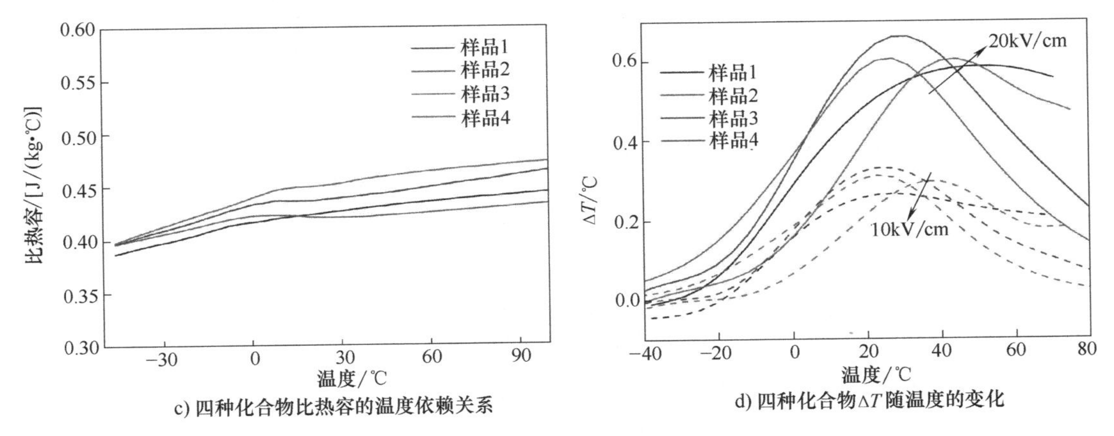

c) 四种化合物比热容的温度依赖关系　　d) 四种化合物ΔT随温度的变化

图 5-26　合成的四种化合物的 ECE 行为表征（续）

的结果吻合较好。此外，ΔT 在较宽的温度范围内显示出相对较高的值，这对于冷却方面的应用是理想的。对于样品 1 和样品 2，峰值 ΔT 随外加电场的增加变化不大，而对于样品 3 和样品 4，电场越大，温度越高，这表明用电场控制转变是调整这些组合物的 ECE 的有效方法。

图 5-27a、b 所示为 15℃和 25℃时用差示扫描量热法测量的热流随时间的变化。在施加和消除电场时出现放热和吸热热峰值。图 5-27c 所示为直接测量和间接测量的 ΔT 比较。

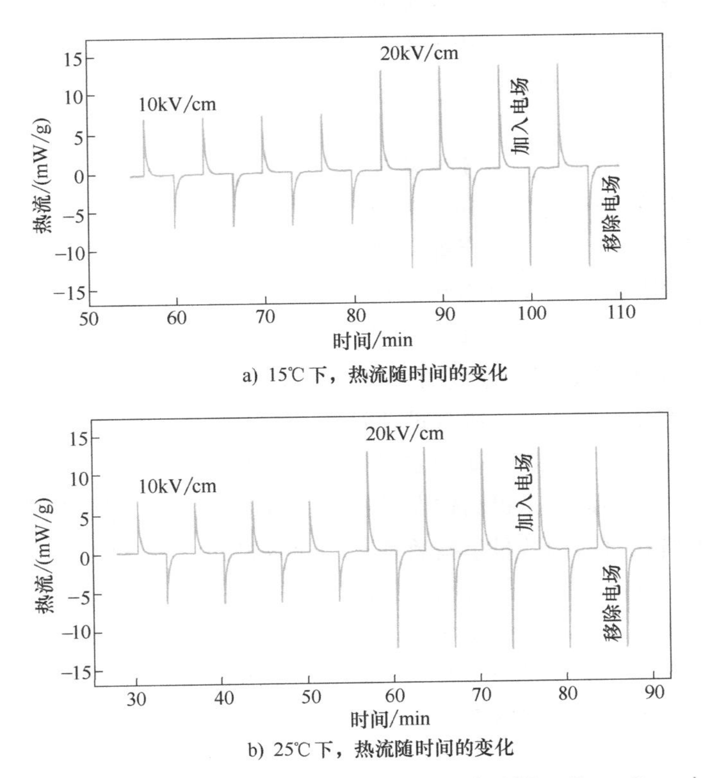

a) 15℃下，热流随时间的变化

b) 25℃下，热流随时间的变化

图 5-27　用差示扫描量热法测量第 3 样品（$Ba_{0.82}Ca_{0.05}Sr_{0.13}$）（$Ti_{0.89}Zr_{0.01}Sn_{0.10}$）$O_3$ 的电热性能

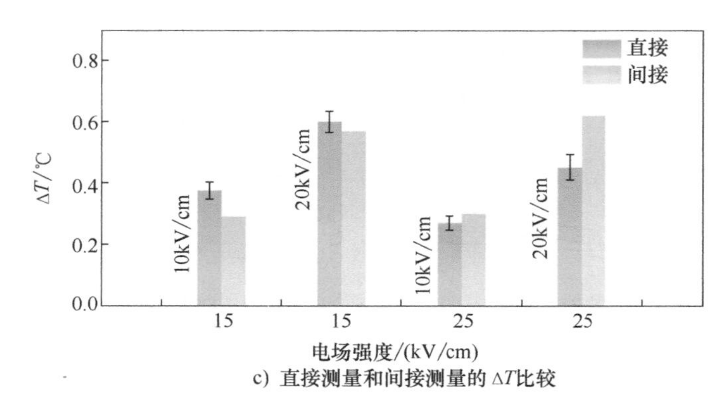

c) 直接测量和间接测量的 ΔT 比较

图 5-27 用差示扫描量热法测量第 3 样品 $(Ba_{0.82}Ca_{0.05}Sr_{0.13})(Ti_{0.89}Zr_{0.01}Sn_{0.10})O_3$ 的电热性能（续）

最后使用了朗道模型对熵变进行了预测，预测结果如图 5-28 所示。从图中可以看出，当熵变低于 3500J/(m^3 · K) 时，线性拟合与实验估计一致。在 3500J/(m^3 · K) 以上，朗道模型得到的熵变大于实验估计值。对于第 1 组化合物，包括掺杂 Sn，对 ΔS 的预测与低熵值线性体系下的实验相当一致。然而在较大熵和较高电场下的偏差表明，a_1 和 a_{11}（朗道自由能系数）的线性温度假设是不充分的。对于预测和合成的化合物，过渡到菱面体，其阶数是多组分，缺乏实验数据来参数化线性项以外的项。然而小熵的实验结果仍然是合理的，这表明在线性水平上，偏差并不严重。

图 5-28 彩图

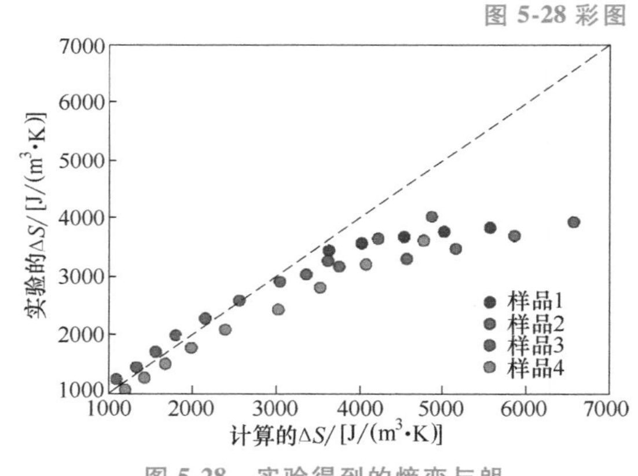

图 5-28 实验得到的熵变与朗道理论计算的熵变相比较

这种机器学习结合朗道模型及实验验证的策略不仅限于钛酸钡基化合物，还可以用于其他类型的铁电体/电热体，甚至弹性热体和磁热体。使用 ML 温度模型可以选择预测 T_c 接近室温的化合物。不仅如此，使用这种方法，可以选择 T_c 接近目标温度的材料来设计任何工作下的材料。通过将预测的系数与预测的极化结合起来，可进一步提升设计效率。

2. 基于知识的 $BaTiO_3$ 基铁电体相变组分依赖性描述符

正如前面所讲，化学改性是提高铁电材料性能的重要手段，然而随着掺杂类型及其浓度的增加，待探索的潜在材料的数量呈指数增长，导致未知成分空间巨大。除了试错法之外，基于对系统的直观理解的材料描述符已被广泛用于构建成分-结构-属性关系，以指导材料设计。描述符 x 作为自变量是决定机器学习模型性能的关键因素，许多的数值方法已被采用来选择“好的”材料描述符，如成分分析和集成方法。这些“特征工程”方法通常是从大量被认为对某些属性有重要影响的基本材料属性中选择描述符，而不是使用基于物理的知识来创建新的描述符。

材料科学的一个重要方面是存在大量的领域知识，这些知识可以用来创建更好的材料描述符。对于铁电性钙钛矿，极化和晶格畸变在朗道理论的表述和应用中是一级和二级参数。因此，电负性、离子位移和容差因子作为序参数，已被用来预测铁电和压电特性。此外，众所周知，钙钛矿的功能性质受到序参数中的不稳定性影响，反映了一种有序结构或对称到另一种有序结构的对称转变。为了捕捉顺电体到铁电体的转变，Abrahams 等人提出，顺电到铁电的相变温度 T_c 与原子的高温对称位置有关。同样 Eitel 等人建立了 T_c 与容差因子之间的线性关系以指导合成一些具有所需 T_c 的钙钛矿陶瓷。然而这些描述符并不是在任何情况下都表现良好，这促使去寻找新的描述符。

在这里提出一种新的描述符 δτ，并证明该描述符比其他描述符（如容差因子、电负性和离子位移等）要更好。原始的数据集包括四个不同目标特性的数据集，包括压电常数（d_{33}）、电应变、居里温度（T_c）和能量密度。

图 5-29 彩图

图 5-29 所示为四个数据集的特性随容差因子和离子位移的变化。在图 5-29a～d 中几乎看不到相关性。图 5-29g 中显示出 T_c 和离子位移之间大致呈线性关系。

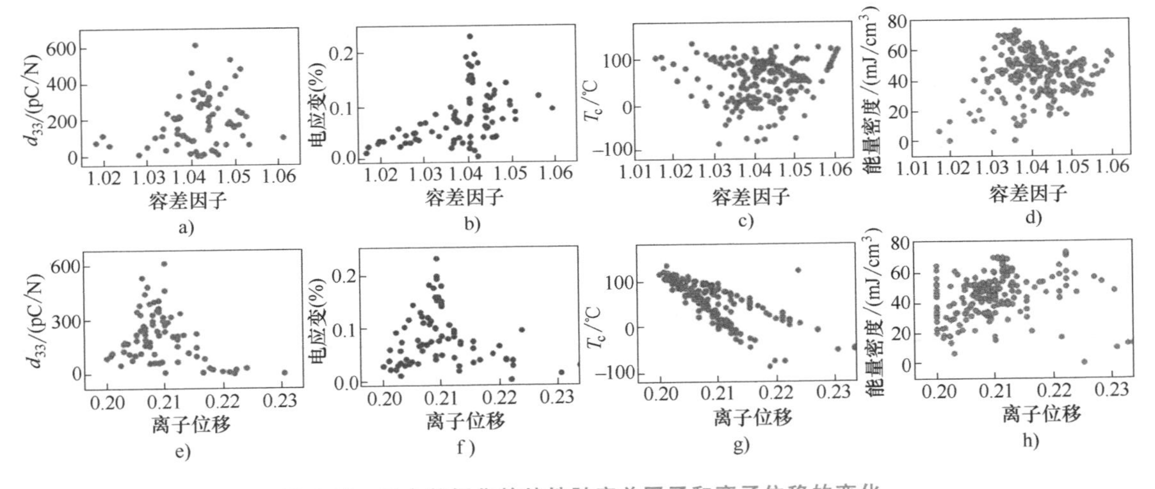

图 5-29　四个数据集的特性随容差因子和离子位移的变化

因此如果有一个量可以捕捉到相变温度随掺杂类型和掺杂浓度的变化，那将是一个非常合适的描述符。从 A 位或 B 位有单一掺杂元素的 $BaTiO_3$ 体系开始，包括（$Ba_{1-x}Ca_x$）TiO_3，（$Ba_{1-x}Cd_x$）TiO_3，（$Ba_{1-x}Sr_x$）TiO_3，Ba（$Ti_{1-x}Zr_x$）O_3，Ba（$Ti_{1-x}Sn_x$）O_3 和 Ba（$Ti_{1-x}Hf_x$）O_3。图 5-30a 所示为它们的组成-温度相图。从非极性准电相转变为极性铁电相，在所有六种体系中，过渡温度几乎与掺杂剂浓度成线性关系。Ca^{2+} 的加入使四方相稳定，T_c 略有增加，而 Sr^{2+} 的加入有利于准点项，T_c 显著降低。掺杂 Cd^{2+} 对 T_c 几乎没有影响。对于 Sn^{4+}、Zr^{4+} 和 Hf^{4+} 等 B 位掺杂元素，T_c 随掺杂浓度的增加而降低，但程度不同。

因此，准电相和铁电相之间的相界斜率对于掺杂不同的体系是不同的，并且和掺杂元素的特征有关。随后，定义每个掺杂元素的 S 为相应相图中 T_c 与掺杂浓度 x 的线性拟合斜率，即 $T_c = Sx + C$，则 A 位掺杂元素 Ca^{2+}、Sr^{2+} 和 Cd^{2+} 的 S 分别为 0、-3.09 和 0。同样的 B 位掺杂元素 Zr^{4+}、Sn^{4+} 和 Hf^{4+} 的 S 值分别为-5.57、-7.87 和-5.04。基体元素的 S 赋值为 0。

给定固溶体的 δτ 由元素的质量分数计算，即

$$\delta\tau = f^{Ca} \times S^{Ca} + f^{Sr} \times S^{Sr} + f^{Cd} \times S^{Cd} + f^{Zr} \times S^{Zr} + f^{Sn} \times S^{Sn} + f^{Hf} \times S^{Hf} \tag{5-2}$$

图 5-30b 是基于包含 195 个固溶体的 T_c 数据集作的 δτ 的函数图。在 T_c 和 δτ 之间观察到明显的线性相关。虽然 δτ 是根据含单一掺杂剂体系中 T_c 随浓度的斜率来定义的，但它在预测含两种或两种以上掺杂剂的固溶体的 T_c 方面表现良好。这说明固溶体不同掺杂剂之间的耦合在测定 T_c 时相对较弱。由于铁电固溶体的许多性质受到相变的影响，因此预计 δτ 也将对性质产生影响，为了展示 δτ 会对多种性能产生影响，采用回归和分类的方法与其他常用的材料描述符进行了比较。表 5-3 中总结了所搜集的 18 种描述符，包括容差因子、离子位移、电负性等。

图 5-30 彩图

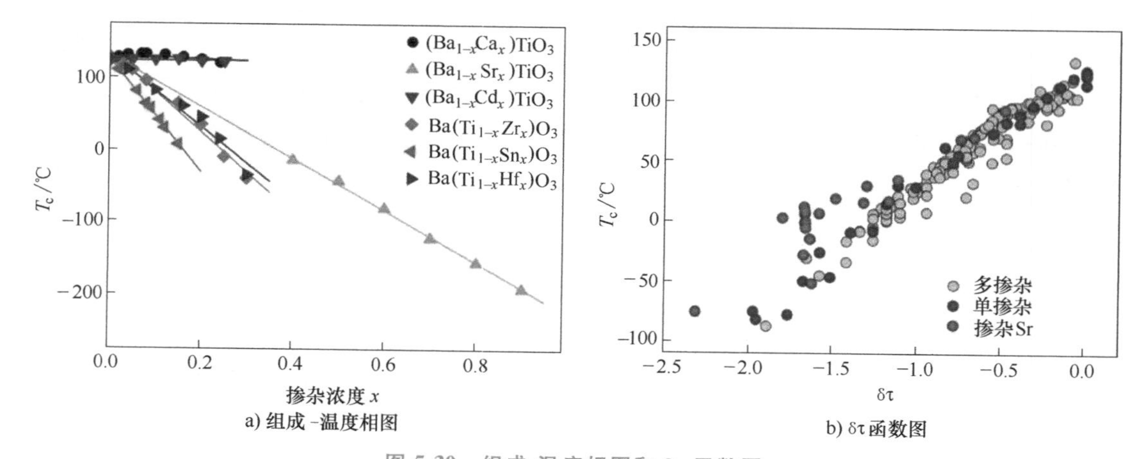

图 5-30 组成-温度相图和 δτ 函数图

表 5-3 本研究中使用的所有 18 个描述符

描述符	定义
δτ	准电和铁电相变温度与掺杂元素的关系
NTO	掺杂元素对四方正交相变温度的影响
t	由香农离子半径计算的容差因子
tA,B	A 位和 B 位原子的香农离子半径的乘积
P	A 位和 B 位元素极化率的比值
p	A 位和 B 位元素极化率的乘积
gr	元素周期表中 A、B 族元素的乘积
AN	元素周期表中 A、B 原子的原子序数之比
EVW	A 位和 B 位原子的平衡范德华半径之比
evw	A 位和 B 位原子的平衡范德华半径乘积
AV	A 位和 B 位原子体积之比
av	A 位和 B 位原子体积乘积
D	A 位和 B 位原子的离子位移比
ea	A 位和 B 位原子电离能乘积
ENP	A 位和 B 位原子电负性的比值(鲍林标准)
enp	A 位和 B 位原子电负性的乘积(鲍林标准)
ENMB	A 位和 B 位原子电负性的比值(Matyonov Batsanov)
enmb	A 位和 B 位原子电负性的乘积(Matyonov Batsanov)

为了评估 δτ 在预测铁电材料性能方面的性能，首先建立了核脊回归（KRR）模型，包括 d_{33}、电应变、T_c 和能量密度。KRR 是脊回归的非参数形式和核技巧的结合，已被用于预测各种材料的性能和设计新材料。对于每一种性质，训练 18 个 KRR 模型，每个模型只使用表 5-3 中列出的一个材料描述符，并使用均方误差来评估描述符的性能。图 5-31 所示为模型的误差。从图 5-31a 中可以看出，使用 δτ 为自变量的 KRR 模型预测 d_{33} 的均方误差最小。对于电应变的预测结果最好（图 5-31b）的三个描述符是 evw、av 和 δτ，三者的均方误差几乎相同且非常低，因此 δτ 仍然可以作为电应变的良好描述符。图 5-31c、d 所示为 T_c 和能量密度的均方误差，对于这两种性能，δτ 都优于其他描述符。为了衡量回归模型与数据的拟合程度，同时给出了预测值与真实值的对角线图，如图 5-32 所示。黑色圆圈（空心）和蓝色圆圈分别代表训练数据和测试数据，拟合后的回归模型对 T_c 预测效果很好（图 5-32c），蓝色圆圈和黑色圆圈分布相似说明模型没有过拟合，但对于 d_{33} 有很多不符合模型的异常值。图 5-33 所示为四个不同数据集的 δτ 函数分布，与前面类似，除了 T_c 之外，没有明显的线性关系。

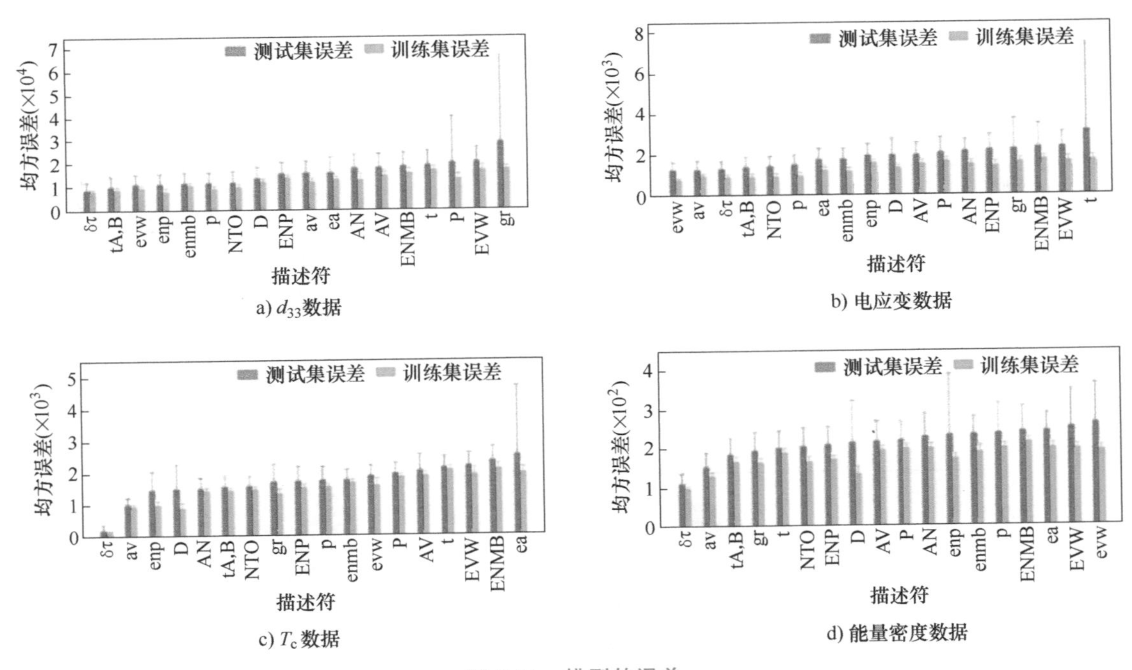

图 5-31　模型的误差

接下来使用两个描述符来评估 KRR 模型的性能。如果描述符 δτ 更好，那么最好的描述符对中期望含有 δτ。从 18 个描述符中选择两个会导致 153 个组合，与单一描述符的情况类似，基于这 153 种描述符的组合构建了 153 个模型，并计算了模型的均方误差。d_{33} 的最佳描述符对为 enp 和 δτ，电应变的为 AN 和 δτ，T_c 的为 enp 和 δτ 以及能量密度的为 av 和 δτ。总的来说，所有最佳的描述符对中都包含 δτ。图 5-34 中绘制了包含 δτ 的 17 对描述符以供比较。这 17 对测试数据的均方误差并没有显著增加，这表明 δτ 的存在有助于 KRR 模型的预测。同样的，模型预测值与真实值的对角线图，如图 5-35 所示，可以看出使用两个描述符对性质的预测要明显更好。

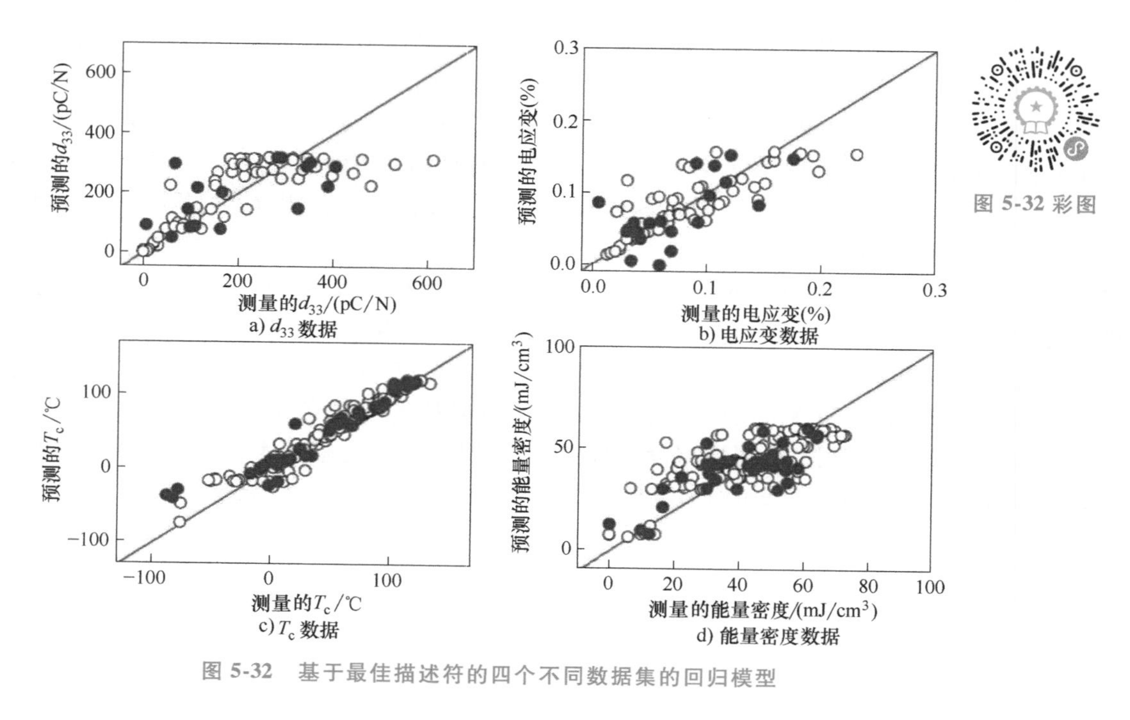

图 5-32 基于最佳描述符的四个不同数据集的回归模型

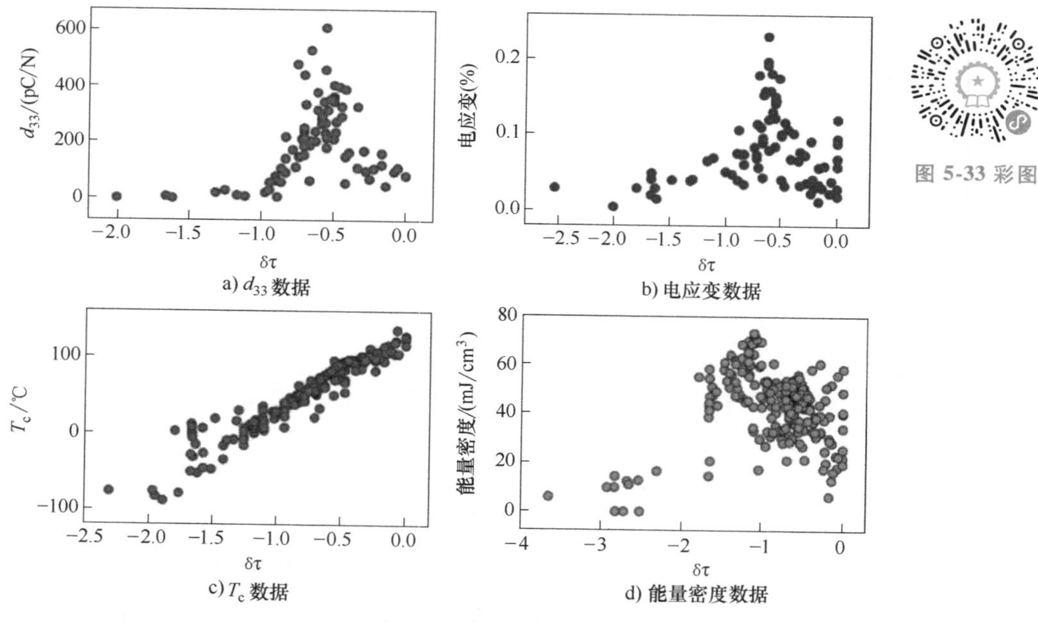

图 5-33 四个不同数据集的 δτ 函数分布

在对未知成分空间的材料进行预测时，采用基于两个描述符构造的模型，因其模型的性能更好。预测的目标是具有大 d_{33}、电应变和能量密度的成分。根据成分筛选出 25656 个成分搜索空间，结果见表 5-4，其中展示了预测具有相同最大值的每个属性的三种组合。从表中看出，尽管所列出的三种成分的预测值是相同的，但这些成分本身却有很大的不同，这表明对于成分的搜索不局限于局部极值，为发现可能表现出良好性质的竞争性成分提供了很多

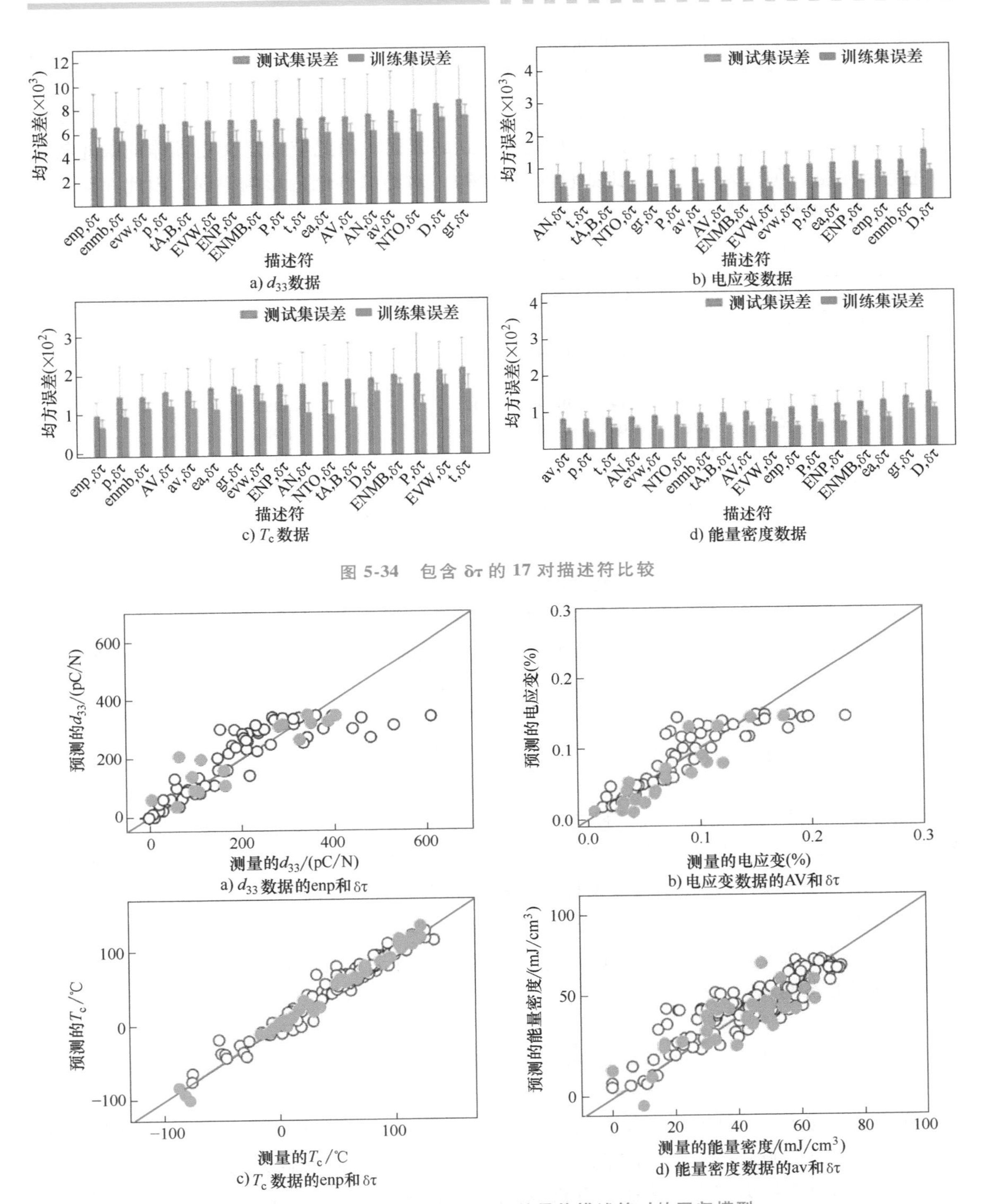

图 5-34　包含 δτ 的 17 对描述符比较

图 5-35　基于四个不同数据集的最佳描述符对的回归模型

机会。描述符 δτ 为什么会表现如此之好？通过相变理论可以看出，δτ 被定义为准电相转变温度与铁电转变温度 T_c 的组分依赖性指标，大多数铁电材料的性质与 T_c 密切相关。压电系数 d_{33} 为小外力作用下的极化变化量，当材料接近相变时，材料变软，d_{33} 增大。因此，d_{33}

可能取决于从测量温度到 T_c 的温度间隔。这些固溶体的电应变主要是由畸转换引起的。当温度偏离 T_c 时，晶格畸变增大，因此电应变受 T_c 的影响。能量密度是一种混合特性，取决于极化和绝缘。从相变方面定义的 δτ 描述符可以描述本征极化，然而绝缘与极化更重要的是与微观结构特征有关，这些都是 δτ 所覆盖不到的方面。因此应该定义更具体的描述符来描述绝缘性能。在特殊情况下（比如较低的电场），对绝缘性能的影响很弱，因此在这些情况下 δτ 的表现仍然很好。

表 5-4　对于每个属性 d_{33}、电应变和能量密度三种成分（从 25656 列表中）预测具有的最大值

序号	Ba	Ca	Ti	Zr	Sn	Hf	d_{33}/(pC/N)	电应变(%)	能量密度/(mJ/cm³)
1	0.84	0.16	0.74	0.20	0.04	0.02	363.4		
2	0.78	0.22	0.72	0.00	0.04	0.24	363.4		
3	1.00	0.00	0.76	0.16	0.08	0.00	363.4		
4	0.90	0.10	0.70	0.14	0.04	0.12		0.148	
5	0.84	0.16	0.72	0.00	0.10	0.18		0.148	
6	1.00	0.00	0.72	0.00	0.10	0.18		0.148	
7	1.00	0.00	0.88	0.02	0.02	0.08			87.8
8	1.00	0.00	0.88	0.12	0.00	0.00			87.8
9	0.98	0.02	0.90	0.02	0.06	0.02			87.8

上面介绍了一个新的材料描述符 δτ 来捕捉 $BaTiO_3$ 基固溶体中相变的组分依赖性，通过引入居里温度与单一掺杂元素的成分关系和所有掺杂元素的摩尔分数平均值的线性组合定义了固溶体的 δτ，与其他描述符相比，该描述符的表现非常好并验证了其在建立回归模型时的有效性。

5.3　人工智能在新能源材料与器件中的应用

随着新能源产业的崛起，人工智能也逐渐在这个全新的领域发挥出重要作用，如高通量筛选、性能预测、生产过程优化、智能能源管理和数据分析等。通过利用机器学习和深度学习技术，AI 加速了新材料的发现与设计，帮助研究人员从大量实验数据中提取有价值的信息，加快了新能源材料的研发进程，推动了整个产业的发展，优化了材料的微观结构和性能预测，提高了生产率和质量检测水平。本节着重分析人工智能在钙钛矿光伏器件、储能器件两方面应用的案例。

5.3.1　人工智能结合钙钛矿光伏器件材料筛选

在光伏领域中，钙钛矿太阳能电池（Perovskite Solar Cells，PSCs）是下一代光伏器件的有力竞争者，高光吸收系数、可调节的带隙、低成本、制备简单和高光电转换效率等优点使其在光电领域具有巨大潜力。然而，有机-无机卤化物钙钛矿材料的环境不稳定性限制了其在光伏中的发展应用，探索新型钙钛矿成分是亟待解决的问题。对于每一层，也有许多变量，如沉积技术（旋涂、旋浸、CVD 等）、沉积过程中的条件（温度、湿度、旋转速率和时间、退火时间等）以及溶剂和反溶剂的种类。所以，通过实验搜索高性能 PSCs 制备方法是颇具挑战的。

目前，传统和化学合成研究方法费时费力，而基于机器学习的顺序学习方法（如贝叶斯优化）作为高效的材料搜索工具，有望改善这一现状。麻省理工学院 Tonio Buonassisi 等人在一项研究中介绍了一种数据融合的方法：他们将密度泛函理论（DFT）计算的混合吉布斯自由能（ΔG_{mix}）作为 BO 算法的参数进行加速老化测试，并对实验量进行量化输出。通过一种闭环机器学习框架来优化碘化铅钙钛矿，探索稳定结构。为确保严格的环境测试符合钙钛矿太阳能电池商业化的可靠性要求，他们对未封装器件进行了环境空气、85%相对湿度和 85℃温度的稳定性测试。机器学习（ML）最佳成分和参考成分的器件都显示出超过 19%的初始效率，但 ML 最佳成分光电流衰减较小。同时验证了 MA 在抑制多阳离子碘化物钙钛矿中的光照诱导的降解中具有有益的作用，基于这些结论，他们进一步提出并测试了几种优化的碘化物钙钛矿，包括 $Cs_{0.17}MA_{0.03}FA_{0.8}PbI_3$ 和 $Cs_{0.13}MA_{0.08}FA_{0.79}PbI_3$ 以及最先进的 I/Br 混合钙钛矿 $Cs_{0.05}(MA_{0.17}FA_{0.83})_{0.95}Pb(I_{0.83}Br_{0.17})_3$，它们都展现了优秀的湿热环境稳定性，这为进一步提高钙钛矿太阳能电池的效率和可靠性提供了参考。

此外，PSCs 的性能不仅取决于钙钛矿层本身的光学和电学性质，还取决于构成器件的电子传输层（ETL）、空穴传输层（HTL）和其他层。目前存在一种两步 ML 的方法来提取 PSCs 实现高效率背后的一般规则，并预测一些 ETL 掺杂的高性能 PSCs。两步 ML 方法的工作流程包括运用决策树（DTree）、额外树（ETree）、随机森林（RF）、阿达布斯特（ABoost）、梯度提升（GBoost）等算法训练模型。然后，使用测试集评估模型的预测能力。建立了分类模型和回归模型。使用分类模型，识别出与高 PCE 最相关的特征。使用回归模型和遗传算法，可以生成高质量器件的优化方案。首先，根据相关文献建立了第一个数据集，PCE 作为 PSCs 的关键性能指标，被选为目标属性；钙钛矿材料、ETL 和第二层 ETL/界面层（ETL-2）材料、沉积步骤和方法、钙钛矿前体溶剂、反溶剂、HTL 材料和添加剂这九个因素被选为特征。为了可视化第一个数据集，他们根据 ETL 材料将数据集中的 PSCs 分为基于 TiO_2、基于 SnO_2 和其他基于 ETL 的 PSCs（图 5-36）。然后在此基础之上，建立了一个 ML 模型来预测具有未掺杂 ETL 的 PSCs 的 PCE。为了进一步探究掺杂效应的作用，可以基于包含掺杂 ETL 的 PSCs 的文献构建了第二个数据集（第一个数据集中 ETL 均不掺杂），并将效率提高率（EIR）作为目标属性，设置了掺杂元素和浓度，以掺杂元素的物理和化学性质等因素为特征。

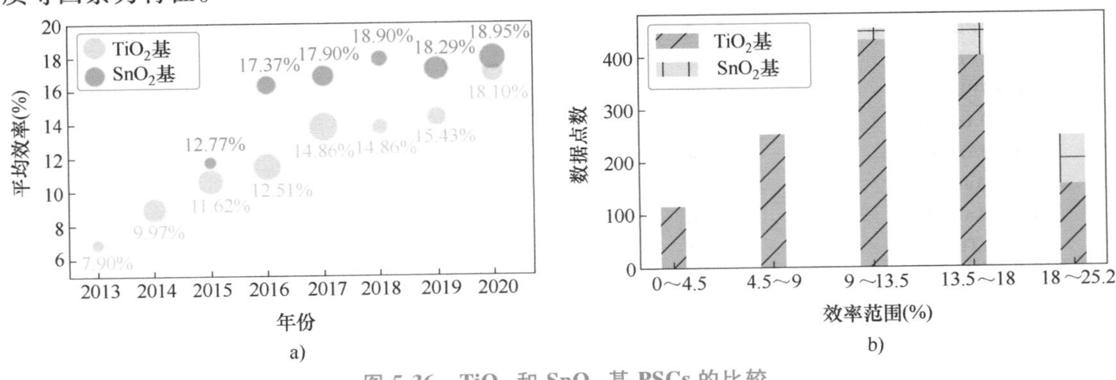

图 5-36　TiO_2 和 SnO_2 基 PSCs 的比较

结果表明，在 TiO_2 中掺杂 24.53%的 Cs 可能实现 30%的 PCE；在 SnO_2 中掺杂 32.85%的 S 可能实现 28%的 PCE。这些预测的数据结果与实验结果具有较好的一致性，这就表明了 ML 可以大大加快高效 PSCs 材料的制备以及 ETL 掺杂剂的寻找，对后续的实验开展具有一定的指导意义。

而对于空穴传输材料（HTMs）而言，筛选出稳定高效的空穴传输层对光电性能的进步起重要作用。利用机器学习（ML）方法从实验中筛选复合数据集可以大大减少研究时间，这对于发现高性能材料至关重要。将 ML 应用于 HTMs 光电性能的评估，并且使用随机森林模型和 AutoML 框架，用通用自动化机器学习助手（GAMA）预测 HTMs 的适用性，是一种比较可靠的方法。在 ML 模型构建的过程中，采用随机森林算法（RF）和基于 AutoML 框架基础上的 GAMA（图 5-37）辅助分析。预测材料性能根据取代基基团对物理化学性能和电化学性能的影响进行。通过收集吸收波长以及开路电位（V_{oc}）及其相应的短路电流密度（J_{sc}）值，构建算法预测光学带隙和 PSCs 性能。

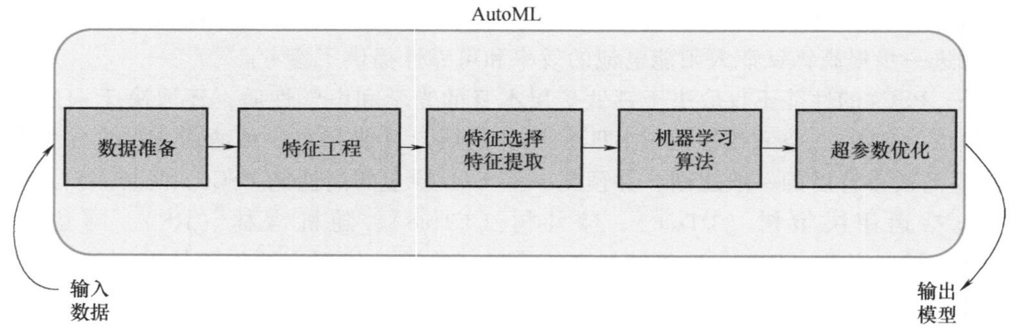

图 5-37 AutoML 流程图

首先，利用 ML 模型基于波长（nm）预测吸光度值，进而计算其带隙宽度，并与实际数值比对以确认其准确度。数据表明（表 5-5）GAMA 相比 RF 具有更精确的预测能力。进一步地，将 V_{oc} 和 J_{sc} 用于构建另一个重要的 ML 模型，最终预测光伏参数 PCE。数据同样验证了 GAMA 的优越性（表 5-6）。最后，成功通过基于取代基基团提供的材料信息构建和训练了适用于 HTMs 选择与开发的数据集，采用 AutoML 框架生成 ML 模型的算法，GAMA 将大大加快有机半导体的创新和发现，指导 HTMs 的性能改进。

表 5-5 ML 模型实际 E_g 值与预测 E_g 值的对比

HTML	E_g/eV	GAMA E_g/eV	RF E_g/eV
2PyPTPDAn	3.10	3.09	3.13
3PyPTPDAn	2.85	2.88	2.87
4PyPTPDAn	2.98	3.02	3.03
2,6PyDAnCBZ	2.85	2.77	2.78
3,5PyDAnCBZ	2.84	2.79	2.78
PTADAnCBZ	3.00	2.95	2.92
PTODAnCBZ	2.86	2.81	2.79
ZnPcTB4	1.77	1.73	1.72
ZnPcAE	1.78	1.73	1.72
ZnPcTDZ	1.64	1.58	1.57
ZnPcTTPA	1.73	1.72	1.64
CuPcTB4	1.76	1.75	1.74
CuPcAE	1.76	1.76	1.73
CuPcTDZ	1.61	1.62	1.62
CuPcTTPA	1.72	1.72	1.68

表 5-6　ML 模型实际 PCE 值与预测 PCE 值的对比

HTML	PCE(%)	GAMA PCE(%)	RF PCE(%)
2PyPTPDAn	16.05	15.99	16.07
3PyPTPDAn	17.94	17.87	17.90
4PyPTPDAn	0.40	0.40	0.40
2,6PyDAnCBZ	17.78	17.53	17.19
3,5PyDAnCBZ	16.07	15.48	15.47
PTADAnCBZ	17.01	16.95	16.91
PTODAnCBZ	17.72	17.72	17.72
ZnPcTB4	10.55	10.51	10.68
ZnPcAE	14.25	14.14	14.20
ZnPcTDZ	13.30	13.31	13.39
ZnPcTTPA	9.97	9.95	10.09
CuPcTB4	14.88	14.91	14.80
CuPcAE	10.07	10.16	10.17
CuPcTDZ	10.34	10.31	10.29
CuPcTTPA	14.40	14.43	14.34

对于钙钛矿光伏器件而言，除了构建具有稳定传输的界面层外，对于钙钛矿层本身的改性同样至关重要，如引入有机分子来辅助稳定钙钛矿层，从而提高钙钛矿器件性能。目前，基于机器学习模型进行分子筛选研究有诸多报道。西北工业大学刘哲等人通过构建 ML 模型根据 19 种盐的实验数据集来预测钝化后 PCE 的改善情况，确定了三种最重要的钝化分子特征。最终从 PubChem 数据库中的 112 种盐中筛选铵盐，制备了高性能三元 FAMACs 和二元 FAMA 型 PSCs。本实验中，数据驱动的机器学习分析方法如图 5-38 所示。在本研究中，采用的钙钛矿组分为（$(FA_{0.83}MA_{0.17})_{0.93}Cs_{0.07}Pb(I_{0.83}Br_{0.17})_3$）。图 5-38 所示左边的流程图是用于研究 2D 铵盐分子特征与基于 FAMACs 器件的 PCE 之间关系的程序。图 5-38 所示右边说明研究者收集了 19 种碘化铵（前体浓度各不相同）的初始代表性选集，以建立机器学习回归模型，其中包括 14 个初始数据集和 5 个通过拉丁超立方采样（LHS）选取的附加探索数据集。该回归模型将 13 个特定分子特征与 PCE 提高率相关联，从而可以通过沙普利加法解释（SHAP）分析确定最重要的分子特征。

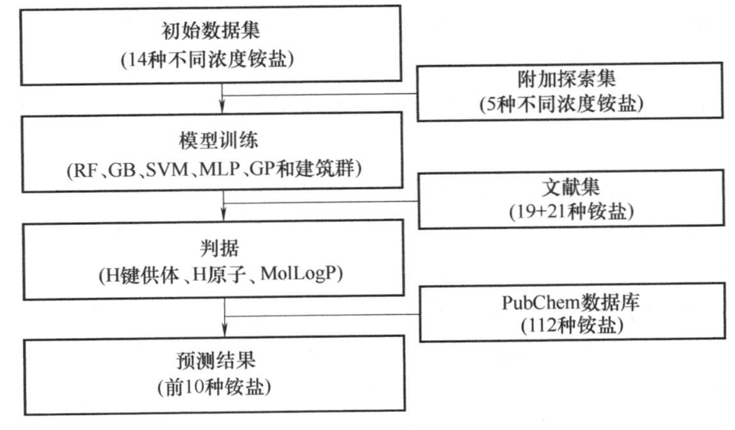

图 5-38　数据驱动的机器学习分析方法

ML 辅助材料筛选工作流程分为以下几个步骤：材料选择、设备性能、ML 模型训练、特征解释以及预测和验证。研究者将这些铵盐的分子结构和化学性质转化为特征描述因子，并将相应 2D/3D PSCs 的 PCE 改进指标载入算法，以建立回归模型。最后，在训练出合适的 ML 回归模型后，将其用于预测化学数据库中其他铵盐的潜力。如图 5-39 所示，展示了在对 14 个特征描述因子进行维度还原并归纳为两个主成分后，候选材料的特征分布情况（即皮尔逊相关性热图）。

图 5-39 彩图

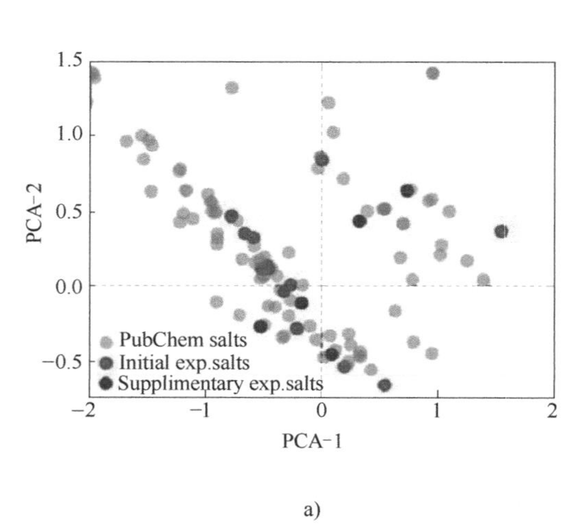

a)

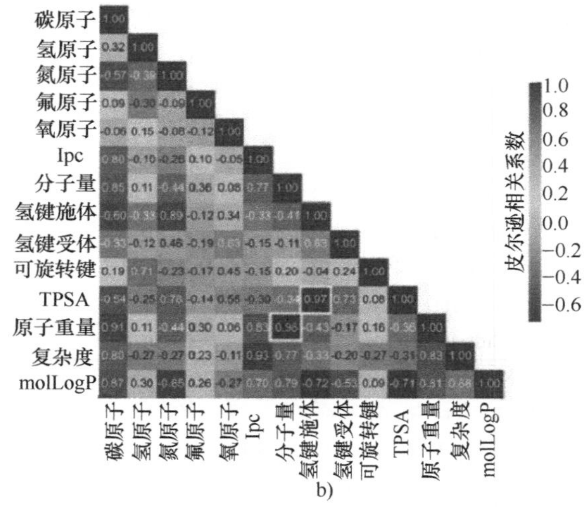

b)

图 5-39 铵盐特征 2D 数据模型

该模型被用于预测从 PubChem 数据库中收集的 112 种铵盐的 PCE 改善值，并将预测的 PCE 改进比率从高到低排列。比率大于 1 的碘化铵被称为优质盐，反之则被视为劣质盐。图 5-40a 所示为 ML 预测的前 10 名和后 10 名碘化铵及提升比例。为了说明 ML 预测的准确性，研究者利用几种优质铵盐和劣质铵盐进行实验验证（图 5-40b～d），获得了基于 FAMA 的 2-PPAI 处理、4-Me-PEAI 处理和 PPAI 处理设备的 *J-V* 曲线，制备了最佳 PCE 分别为 24.47%、24.34%和 24.29%的高性能 PSCs，同时成功验证了 ML 模型对分子特性的筛选能力。

尽管经过十几年的发展，钙钛矿光伏器件效率已经得到了极大提高，但是，其商业化进程仍然受严苛的制备条件制约，目前最好的钙钛矿器件仍然依赖铅，存在长期运行稳定性方面的问题。因此，必须着力发展可扩展型制造技术，这使得人们对开发新型对环境无害、高稳定性钙钛矿材料的要求十分迫切，但仅依靠泛函密度理论（DFT）评估和合成新型材料是非常困难的。

目前，利用 ML 辅助分析高通量合成钙钛矿单晶的策略已被成功开发。利用反溶剂蒸气辅助结晶方法在室温环境下生长高质量单晶（图 5-41a）。先制备钙钛矿前驱体溶液，再将液滴加入蛋白质滴定仪托盘中，将反溶剂置于井中（图 5-41b）。利用这一设备实现了 96 种独立的结晶条件。研究的工作重点在二维（2D）钙钛矿上，因为这些材料最近显示出优异的光致发光量子产率，并有望提高稳定性。为了探测晶体的生长状况和光致发光，构建了蛋白质结晶机器人和成像系统（图 5-41c）。在此基础上，开发了一种发现与合成新钙钛矿材料的路径——首先选择了一个理想的化学空间进行探索，并设计了一组初始参数进行研究，

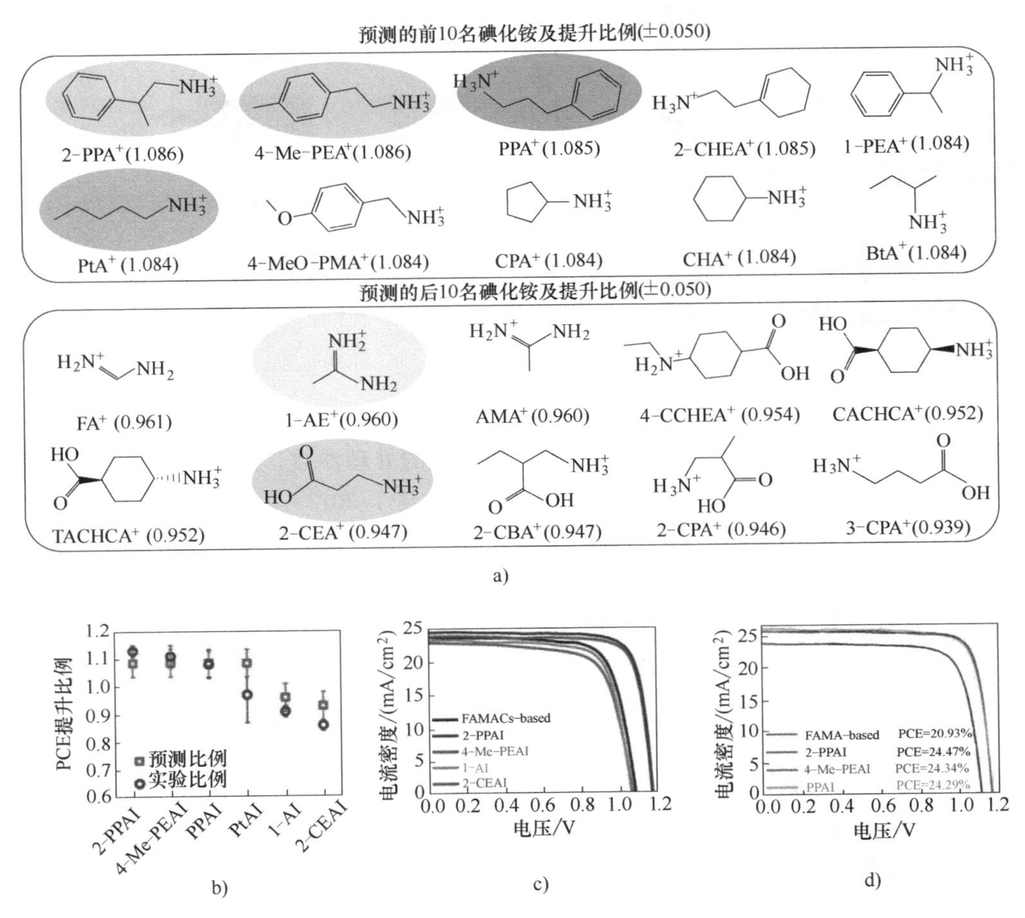

图 5-40 机器学习模型的实验验证

然后在机器人中使用 HTE，再使用 CNN 算法将每个实验分类为成功（即形成晶体）或失败（即没有晶体），利用与每个成功或不成功的实验相对应的参数，在 k 近邻回归模型中探索下一组可能产生成功晶体生长的实验，然后由机器人自主执行（图 5-41d）。

图 5-40 彩图

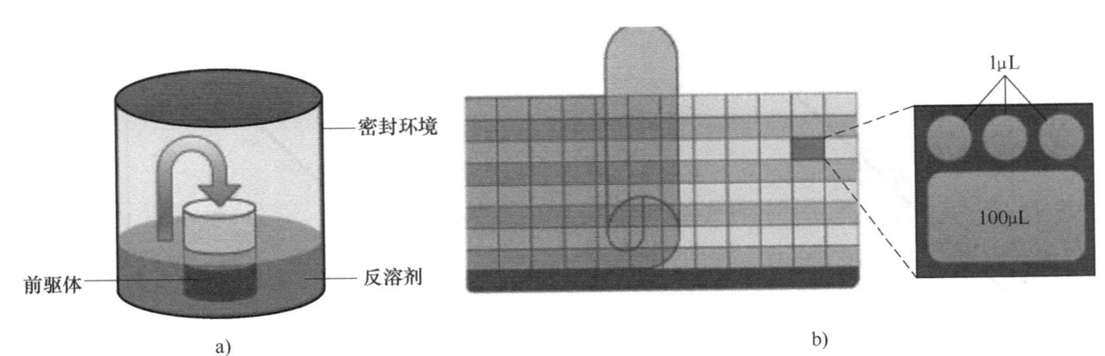

图 5-41 反溶剂蒸气辅助结晶方法

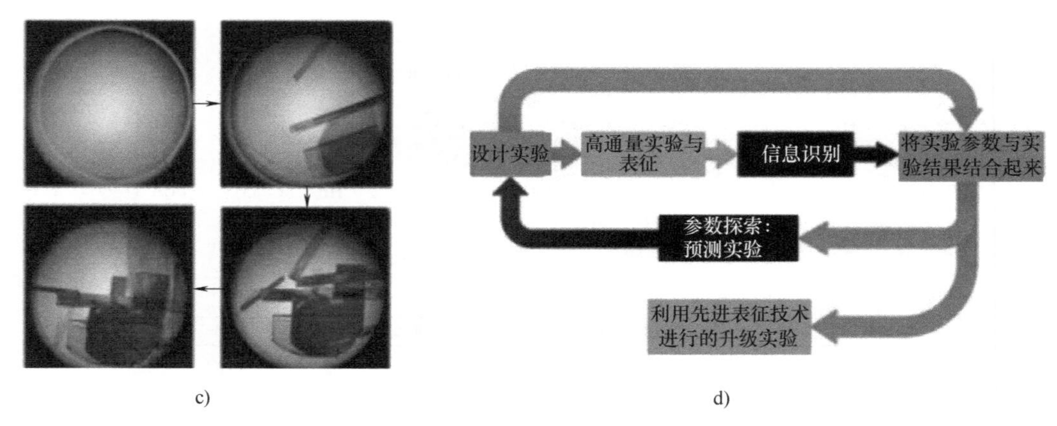

图 5-41　反溶剂蒸气辅助结晶方法（续）

ML 算法则还能快速发现钙钛矿层与层之间最有效的处理参数，指导研究者有针对性地改进器件结构。例如，She 等人从 880 篇发表的文章中构建了 2013—2020 年间发表的 2006 个高效 PSCs 数据集，并采用两步机器学习方法来检查获得高效的重要因素，并基于 ETL 掺杂预测高效 PSCs。实验证明了 ETL_SnO_2 和 TiO_2、混合阳离子钙钛矿、DMF 和 DMSO 钙钛矿前体溶剂的使用以及反溶剂处理是产生 PSCs 高转化效率的最重要变量（图 5-42）。

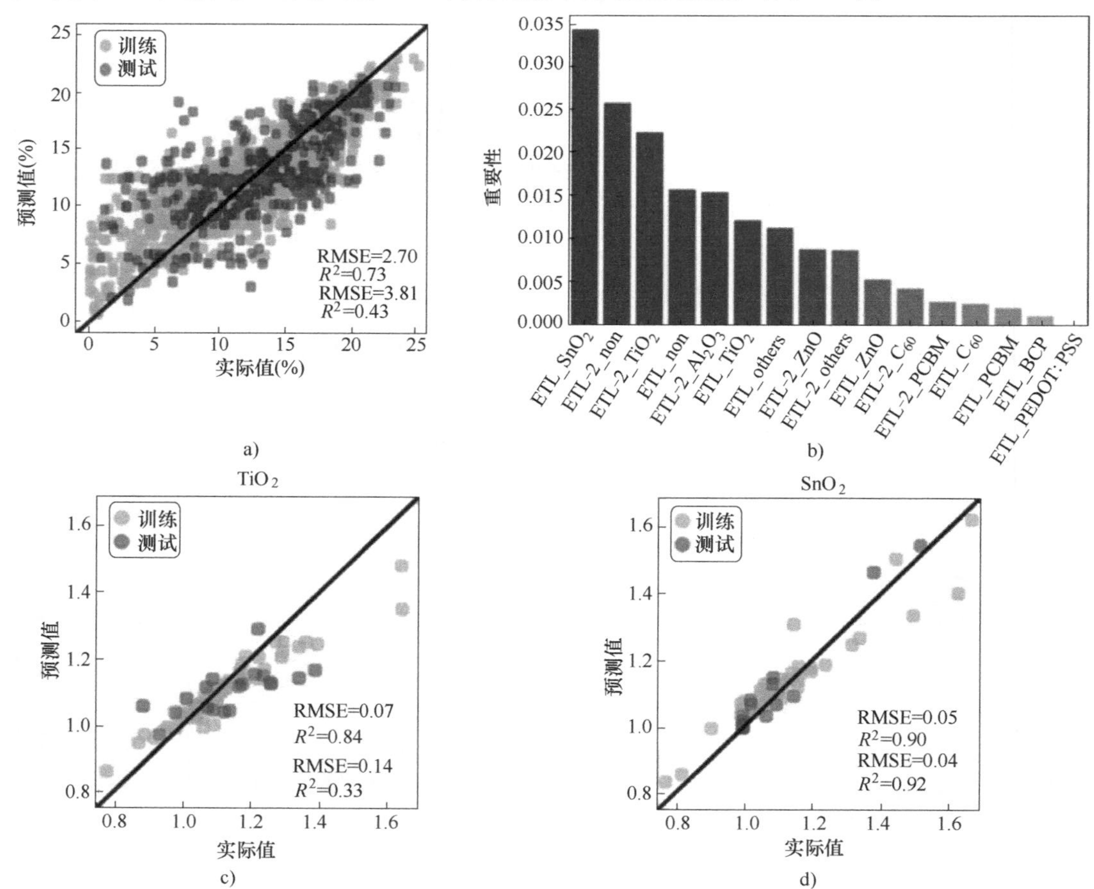

图 5-42　两步法的 RF 回归模型的输出

尽管 ML 和 PSCs 的集成仍处于早期阶段，但这项信息技术的引入也推动了 PSCs 的研究和发展，未来研究者们有望更有力地整合技术优势，探索更多钙钛矿的物理化学性质，实现 PSCs 的商业化目标。

5.3.2　人工智能结合储能电池材料筛选

除了最近备受关注的钙钛矿太阳能电池，储能电池也和人工智能密不可分，人工智能在储能电池电极材料筛选优化、储能电池电解质界面调控材料以及储能电池寿命预测与优化等方面有着巨大的应用前景。目前，在开发智能 BMS 中，电池建模是确定电池状态的重要因素。电池模型主要分为经验/半经验模型、等效电路模型、物理模型以及数据分割模型（DDMs）（图 5-43）。可充电电池中 ML 模型的基本目标是通过低成本和准确的预测来建立条件属性和决策属性之间的 QSAR。材料发现与设计，第一步是生成与相关的材料特性密切相关的关键描述符或特征，第二步是在描述符和目标属性之间构造一个精确的模型。在理论上，根据给定数据集训练的 ML 模型（材料→特性），可以实现材料逆设计。

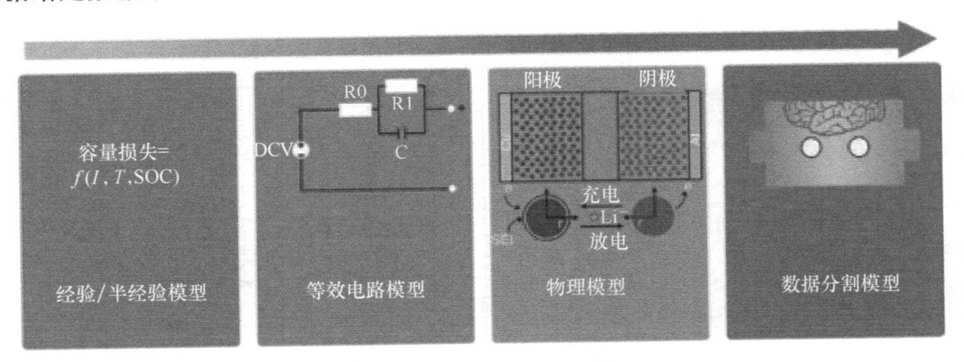

图 5-43　电池模型的发展情况

在新能源储能领域，寻找优异的电极材料是实现高性能储能器件的关键步骤。在筛选电极材料方面，一个优秀的模型可以处理大量的实验数据，识别影响电池性能的关键因素，并预测新电极材料的性能。这有助于缩短研发周期，提高材料筛选的效率。复合电池阴极中粒子网络的动力学研究解释了局部网络的异质性导致了早期周期的异步活动，随后粒子的电化学活性和机械损伤之间的调节促使粒子组件向同步行为移动。在逆向预测中，采用了一个基于粒子群优化（PSO）算法的逆设计模型来寻找最优的阴极 NCM 实验条件。为了验证逆向设计的合理化，选择了描述放电容量的四个最重要参数，如图 5-44 所示。可以观察到镍的含量、烧结温度、截止电压和充电速率与锂离子电池的性能有很强的相关性，与上述结果一致。随后，为了证明该模型的有效性，采用了设计-设备的通道方法。

图 5-45 所示为逆设计预测的实验验证。根据目标放电容量的逆设计预测，合成的 NCM 粉末分别命名为 MICE@ 150、MICE@ 175 和 MICE@ 200。扫描电子显微镜（SEM）图像显示了已制备的 NCM 粉末（图 5-45a～c）。可以观察到，MICE@ 150、MICE@ 175 和 MICE@ 200 的放电容量分别为 150. 0mA · h/g、161. 0mA · h/g 和 209. 5mA · h/g，库仑效率分别为 91. 7%、80. 0%和 85. 9%。实验测量和预测的 RMSE 较低，为 8. 17mA · h/g，表明该方法具有高可靠性。

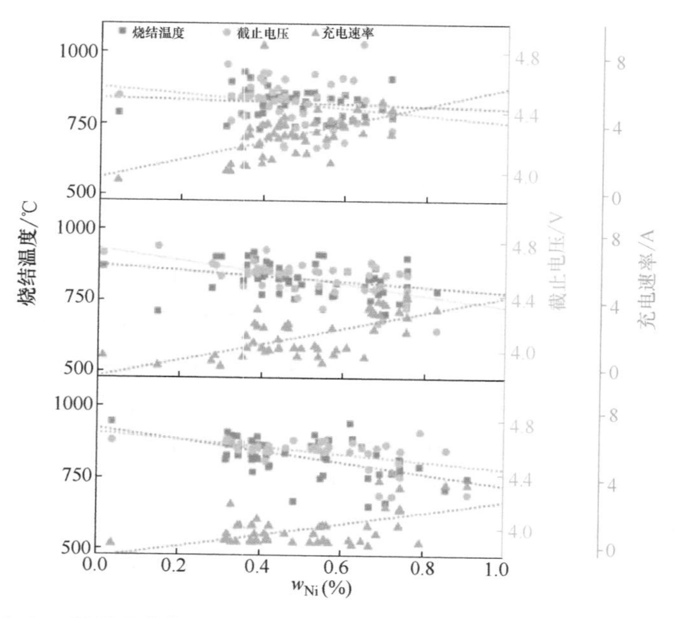

图 5-44　基于不同期望放电容量的不同估算数据集的预测逆设计变量

图 5-44 彩图

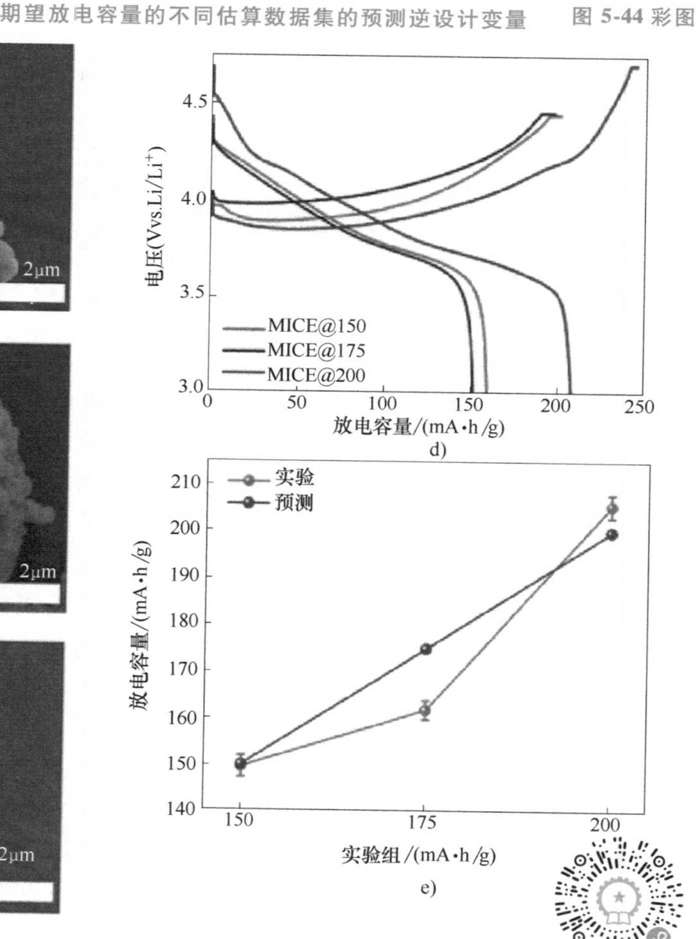

图 5-45　逆设计预测的实验验证

图 5-45 彩图

除此之外，储能电池电解质界面的调控材料也是电池技术中的一个重要研究方向。这些材料可以提高电池的性能、稳定性和安全性。通过深度学习模型，AI 可以预测界面材料的物理化学特性，如离子电导率、稳定性、界面电阻等。这有助于科学家们在实验前对材料进行初步评估，从而节省时间和成本。结合 DFT 计算和 ML 模型，能进一步全面研究锂离子-溶剂在锂电池电解质中的还原稳定性。首先使用基于图论的算法构建了一个潜在溶剂分子的大型数据库（图 5-46a）。该数据库共包含 1399 个溶剂分子，其中包括 44.9%的羰基化合物和 55.1%的醚类分子。为了直观地呈现数据库，通过结合扩展连通性循环描述符号和 t 分布随机邻域嵌入（t-SNE）方法对分子进行聚类（图 5-46b）。

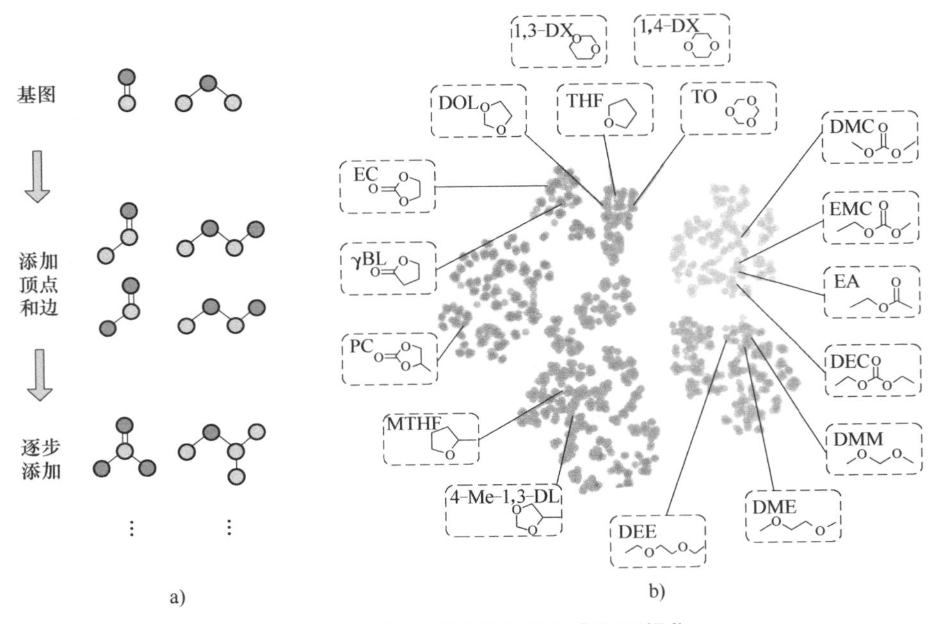

图 5-46 溶剂分子数据库的生成和可视化

然后对所有溶剂分子进行第一性原理计算，得出 LUMO 的能量变化与结合能、Li—O 键长和 C—O 键长呈正相关。与锂离子配位后，99%的溶剂呈现降低的 LUMO 能级，HOMO 能级也下降，即当与锂离子配位时，溶剂的还原稳定性降低。LUMO 和 HOMO 能级的变化与锂离子和溶剂的结合能之间呈线性正相关。随后分析了 LUMO 的组成，揭示了 LUMO 能级变化的本质可以归因于 LUMO 中碳 2p 轨道的贡献比。

除了寻找合适的电极材料和界面材料，如何延长电池寿命是储能电池未来大规模应用的关键点，这意味着降低系统的总体成本，提高系统的可靠性和安全性，还能减少对环境的影响，推动可持续发展。因此，延长储能电池寿命是储能系统设计和优化的重要目标。目前，基于大量历史数据训练出来的预测模型，能够预测电池在不同使用条件下的寿命。这些模型可以考虑多种影响因素，如温度、充放电速率、循环次数等，以提供准确的寿命预测。例如，Zhang 等人证明了所提出的 GPR 模型在不同温度、恒定充放电速率下的不同降解模式的电化学阻抗谱（EIS）能准确地估计锂电池容量和预测剩余使用寿命（RUL）。通过结合 EIS 与高斯过程回归机器学习，进一步建立了一个精确的电池预测系统。在不同的健康状态、电荷状态和温度下，收集了超过 20000 个商用锂离子电池的 EIS。以整个光谱作为输入，可以自动确定能预测退化的光谱特征。

首先，验证容量估计。在室温下以25℃循环的4个电池上训练EIS-Capacity GPR模型，并在其他4个电池（标记为25C05～25C08）上进行测试。图5-47a所示为完全充电后休息15min的状态。在所有充放电状态中，该模型在电化学稳定状态下最准确。图5-47b所示为所有4个测试电池的测试容量。

接下来，通过提取与退化相关的EIS显著特征来理解模型：如图5-47c所示，低频阻抗与退化的相关性最大。

图5-47彩图

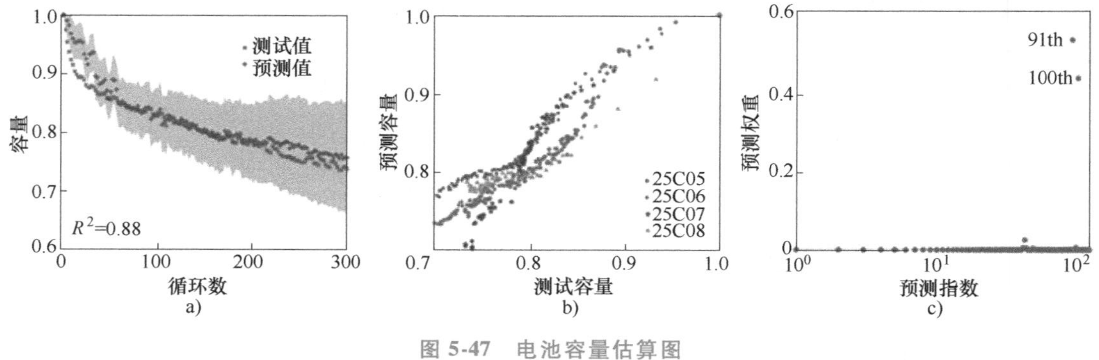

图5-47 电池容量估算图

然后，验证剩余使用寿命（RUL）预测。如图5-48所示，基于EIS的RUL预测模型（EIS-RUL GPR模型）仅从当前周期的EIS测量中，准确预测了在25℃下循环的所有4个测

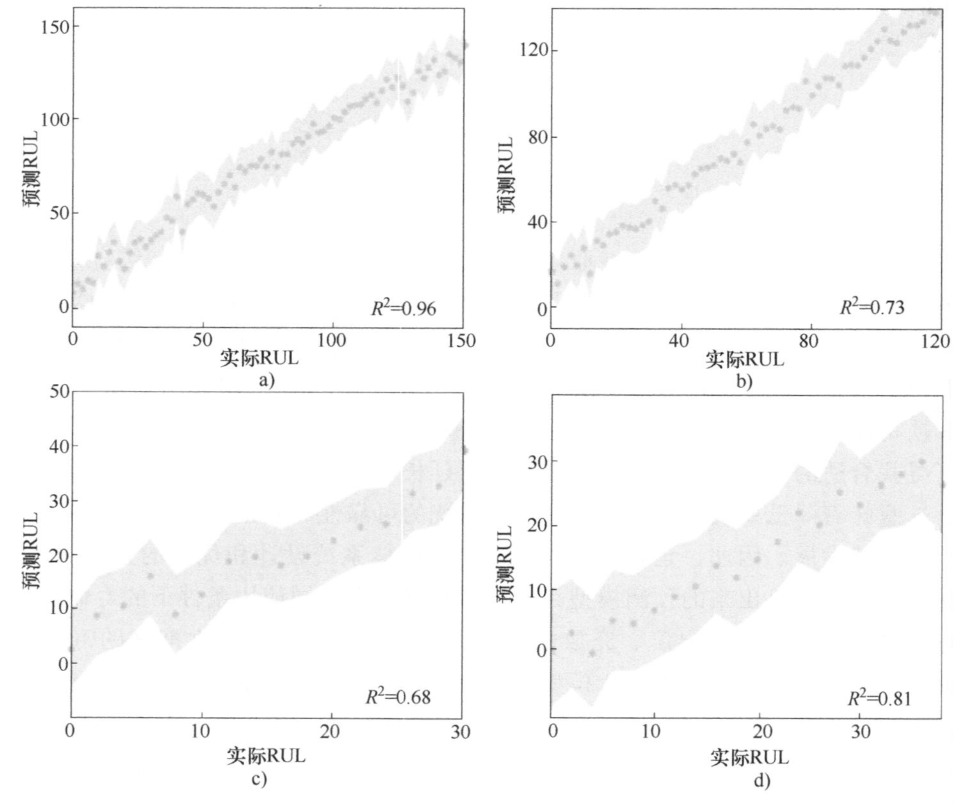

图5-48 预测RUL

试电池的 RUL。同时，研究人员也将放电曲线特征输入到 GPR 模型中，结果表明，与目前在电池管理系统中提供的信息相比，EIS 提供了明显更丰富的电池状态。

最后，验证了在多种温度下的容量估计和 RUL 预测。采用的思想是不考虑循环温度随时间的变化，而是验证在电池未来工作温度接近其以前工作温度的条件下，该模型是否可基于当前测量的 EIS 进行预测。如图 5-49a、b 所示，Zhang 等人的模型可以估计在 35℃ 和 45℃ 下循环的电池容量。为探讨不同温度下显著频率的变化，将 ARD 方法应用于 35℃ 和 45℃ 的 EIS-Capacity GPR 模型。如图 5-49c、d 所示，一个低的频率足以估计容量，与上述的观测结果一致。Zhang 等人建立了一个用于 RUL 预测的多温度模型。如图 5-50 所示，EIS-RUL 模型能够准确地预测在三种不同温度下循环电池的 RUL。

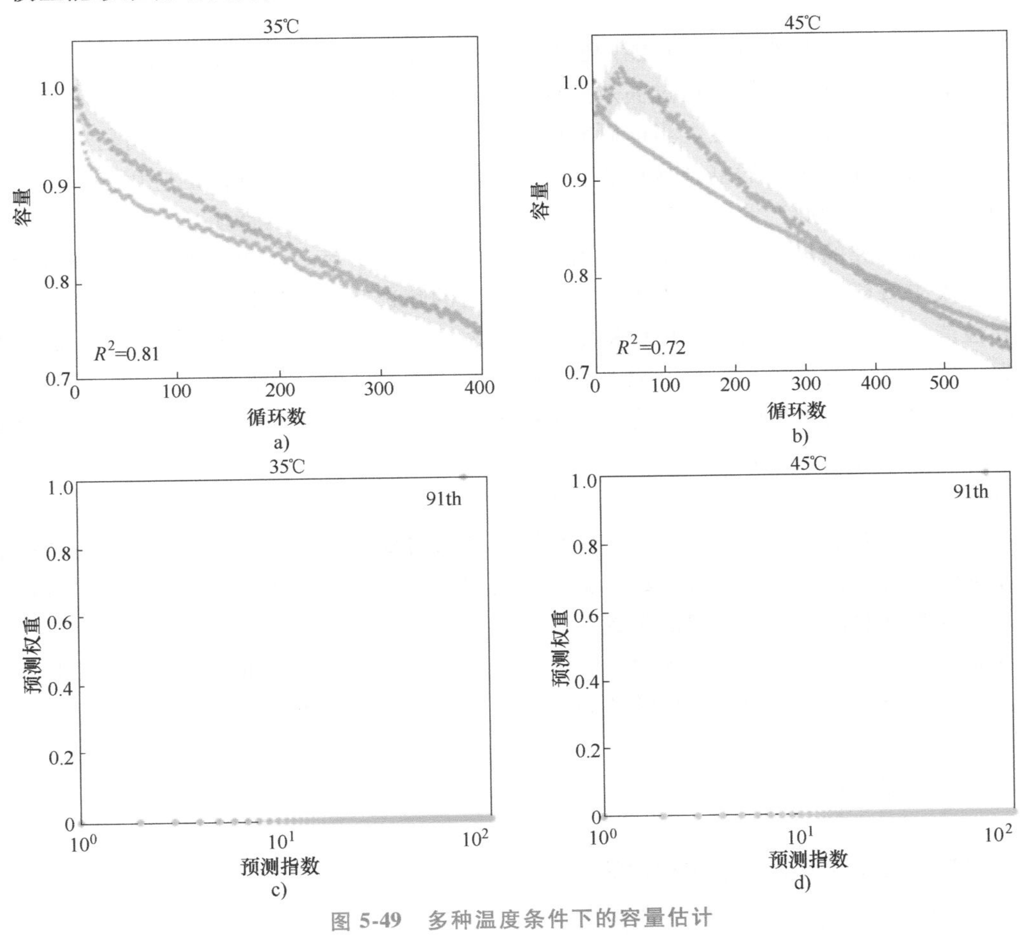

图 5-49 多种温度条件下的容量估计

随着人工智能技术的迅猛发展，其在材料科学领域中的应用正变得越来越广泛。特别是在高熵合金的研究中，人工智能的介入显著提升了设计的效率和准确性。高熵合金以其卓越的物理和化学性能受到广泛关注，人工智能技术通过机器学习模型和数据分析，能够准确预测这些合金的性能，并指导实验合金的制备过程。在高熵合金的设计中，人工智能不仅加快了相结构预测的速度，还在力学性能优化方面发挥了重要作用。未来，研究的重点将集中在算法的进一步优化和新模型的开发上，以提高预测的准确度，扩大应用的范围，促进高熵合金在实际应用中的推广。

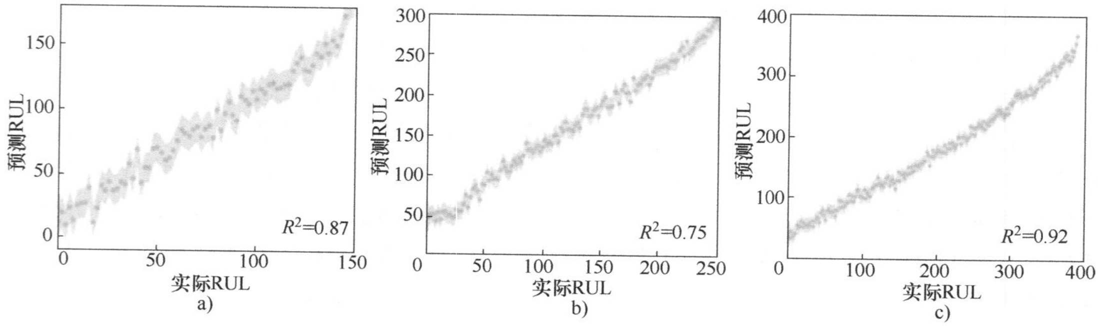

图 5-50　多种温度下的 RUL 预测

与此同时，人工智能技术在功能陶瓷材料中的应用，尤其是在铁电陶瓷领域，对电子和信息技术有着重要推进作用。通过高效处理和分析大规模复杂数据集，显著提升了材料性能预测的准确性和设计的快速性。当前研究已经能够通过机器学习模型来预测材料的电学和力学性能，未来将探索更多的复合材料和微观结构设计，以满足更高性能的应用需求。

当然，随着新能源产业的崛起，新能源材料和器件，特别是钙钛矿太阳能电池和储能电池，成为当前研究的热点。钙钛矿电池因其高效率和低成本潜力，而被视为光伏领域的革命性进步。人工智能在此领域的应用不仅加快了材料的筛选和优化过程，还帮助优化了电池的结构和性能，尤其在提升电池的环境稳定性和效率方面显现出重要价值。此外，对储能电池的研究也展示了人工智能在预测电池寿命和优化电池材料中的巨大潜力。未来，随着算法和计算能力的提升，人工智能的应用将进一步拓展到电池管理系统和实时性能监控中，以实现更高效、更安全的能源存储解决方案。

目前，人工智能与材料科学的结合正在加速材料的发现与设计过程。通过机器学习和深度学习算法分析大量数据，识别材料属性与性能之间的复杂关系，从而推荐最佳的材料组合和处理条件。人工智能还可以通过数据驱动优化和智能控制，提高材料性能和加工质量。同时，人工智能技术在图像分析和谱学数据处理方面，提高了材料表征的速度和精度。此外，人工智能在预测材料生命周期、优化回收过程和设计个性化材料方面也展现出巨大潜力。总体而言，人工智能正在推动材料科学的创新与应用，提升效率和可持续性。

5.4　复习思考题

1. 机器学习预测高熵合金相结构的主要流程是什么？
2. SISSO 算法中描述符进行什么操作？
3. 主动学习设计功能陶瓷材料的主要流程是什么？
4. 在数理结合的功能陶瓷设计案例中，朗道理论起着什么作用？
5. 机器学习是如何与新能源结合的？

第 6 章 材料智能设计与制造的发展趋势

6.1 人工智能在材料数据库构建方面的发展趋势

6.1.1 材料数据库构建的机遇与挑战

科学知识广泛分布在数百万份学术研究论文中，以文本、表格和图形等多种形式存在。例如，在钙钛矿材料的特定领域（图 6-1），近年发表的文章数量达数万篇，尤其是 2013 年后，科研人员对该领域的研究兴趣急剧上升。因此，材料信息的快速增加与我们的分析能力之间的差距日益扩大，使我们越来越难以全面吸收、回忆和掌握所有已知的事实和关系。然而，庞大文献中隐藏的知识对于指导我们提出新的实验假设和确定初始实验参数至关重要。相反，材料数据库的构建通常是一个主观的人工过程，研究人员只能从文献中获得少量间接经验，这可能只是冰山一角。

此外，由机器学习驱动的材料发现范式明显受到现有表格数据库的限制。大数据方法的应用促进了数据驱动的机器学习整合进材料发现和优化流程中，包括计算和实验数据。计算数据可以通过计算机得到，而实验数据通常通过文本挖掘从科学文献中获取。然而，深度神经网络模型的机器学习方法的准确性依赖于大量训练数据的可用性。随着训练数据的增加，对特定任务的预测性能呈指数级改善，数据规模似乎可以压倒标签空间的噪声。

6.1.2 基于人工智能的材料数据库构建前沿

传统的具有自然语言处理能力的机器学习模型在材料文献数据提取中得到了广泛应用，包括 Word2Vec、Glove、FastText 和 ChemDataExtractor 等，它们使用了词嵌入模型或专用信息提取工具。这些工具可以通过将“材料”或“属性”等实体标签应用于文本中的词汇，来构建自动生成的表格数据库。美国劳伦斯伯克利国家实验室研究人员利用命名实体识别算法成功提取文献摘要中材料名称、相标签、合成手段、表征方法、应用领域等信息数据。

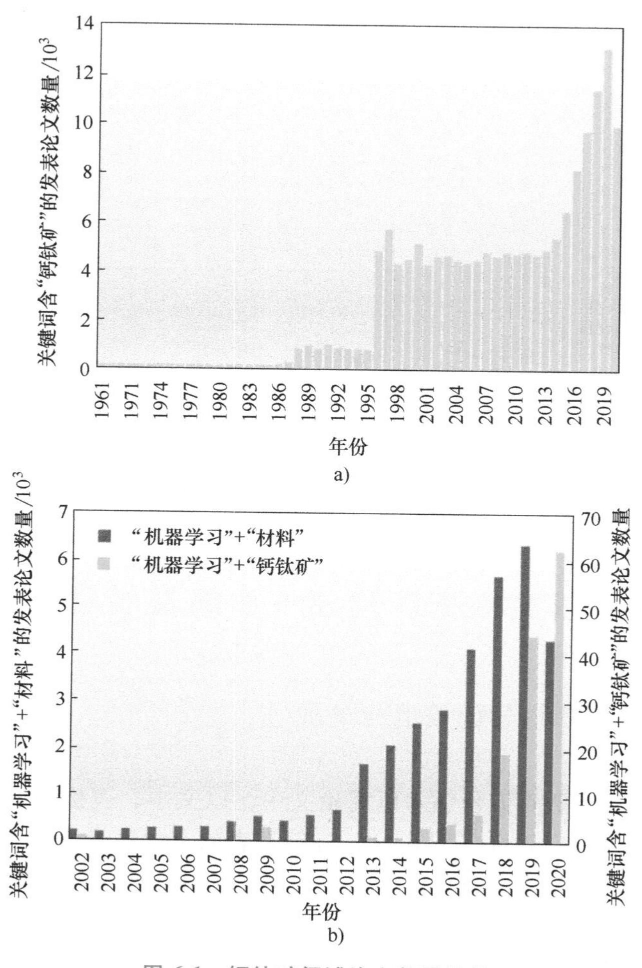

图 6-1　钙钛矿领域论文数量趋势

Hyunsoo Park 结合机器学习和规则算法从 28565 篇金属有机框架论文中提取了 46701 个不同的合成参数，如金属前驱体、有机前驱体、溶剂、温度、时间和组分。

然而，这些文献数据提取的机器学习方法仍旧具有一定程度的“劳动密集型”特点，需要较深的编程基础和数据科学的专业知识。这类方法涉及静态嵌入，即每个词的嵌入向量一旦训练完成就固定了，并且缺乏泛化能力，不一定能够有效地应用在全新文献提取任务中。此外，传统自然语言处理类的机器学习模型训练需要大量的手工标记数据，以识别和解析材料和化学属性相关的专用词汇和表达方式。这样的特点意味着模型无法进行自我动态调整，以适应不同上下文的能力。

大语言模型的问世，让科研工作者眼前一亮，更让自然科学领域研究人员对利用人工智能提取文献数据产生了新的希望。大语言模型的主要特点是具有超过数十亿甚至数百亿的模型参数，并且其模型大小、预训练数据库大小和计算能力均可以进行拓展。常见的大语言模型有 BERT、PaLM、Galactica、LLaMA 等。同时，大语言模型最独特的凸现能力，即上下文学习、指令跟随和逐步推理的超常能力等，是小型自然语言处理模型所不具备的特征。因此，正是因为这样的超常能力，大语言模型才能够有效处理复杂任务，且能够通过模型微调轻而易举转移到多个领域的其他任务。

在众多大语言模型中，美国OpenAI公司开发的ChatGPT家喻户晓。如图6-2所示，GPT系列模型（即GPT-3及其后继者GPT-3.5和GPT-4）是基于单向Transformer的解码器架构，可以依靠已经生成的前一个单词来预测下一个单词，从而生成连贯的语言序列，这种语句生成的逻辑与人类组织语言的模式非常相似。除了准确生成语句的超强能力，GPT在自然语言的互动方面具有更加显著的优势。我们可以像与另一人交谈一样，以交流和对话的方式与之互动，且无须深入了解底层技术。因此，大语言模型具备深入学习和理解科学文献的能力，有望成为可以从文献中自动生成数据库的全新工具。

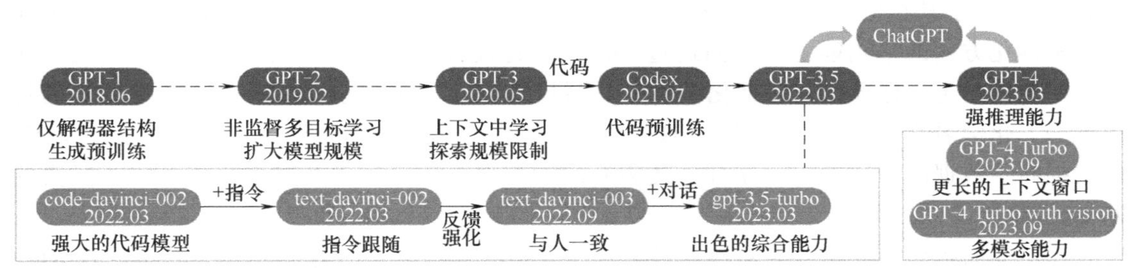

图6-2　GPT系列大语言模型的技术演变

GPT具备识别和整合相关文献信息的能力，进而用于生成实验设计和规划，同时能够有效应对人类的质询。Scott Spangler及其团队创新性地开发了知识集成工具包KnIT，该工具包展现出了从海量文献中识别相关信息并提出实验假设的非凡能力。即使这样，其局限性仍然不容忽视：模型主要聚焦于实体间相似性的捕捉，却未能深入解析文献中蕴含的丰富语义信息，限制了其全面洞察的潜力。为弥补这一不足，研究人员巧妙地利用微调后的GPT模型，通过简单的引导，实现了对材料化学领域文本的深度理解和总结。这一过程不仅涵盖了化合物名称、数量、功能及实验设备、条件参数的精准识别，更推动了模型向人类水平的文档综合理解能力迈进。GPT在此基础上，还能基于文献知识生成与查询紧密相关的文本内容，如分子合成路径的构想或是制备所需的原材料清单，展现了其强大的信息整合与创造能力。

展望未来，一个全面掌握材料化学领域广泛知识的语言模型将成为可能。它能够实时自主阅读最新文献，紧跟科研前沿，为研究人员提供即时的信息整合支持。这种模型将通过对话形式，便捷地响应研究者的需求，极大地降低了信息获取的门槛，优化了材料科研工作者及学生的学习与研究流程。实例佐证了这一趋势的可行性：2021年，已经有研究人员利用自动文献推荐系统高效提取纳米晶体关键合成参数，但这一系统仍依赖于传统的命名实体识别技术。后来，GPT-4又被融入机器人实验平台，实现了每小时处理数百篇文献的高效率，相比人工处理，效率提升了百倍之多，这标志着人工智能辅助材料研究迈出了重要一步。这一系列进展不仅彰显了人工智能在科研领域的巨大潜力，也为未来科研模式的变革铺设了坚实的基石。

作为先进的生成式预训练语言模型，GPT展现出了在特定领域文献中高效提取材料、过程及应用参数的非凡能力，进而构建出结构化的表格数据库。这一功能不仅拓宽了信息处理的边界，还极大地提升了数据整理与分析的效率。以Alexander Dunn的研究为例，他创新性地引入了循环注释程序，旨在加速额外训练样本的收集进程。通过这一方法，他成功收集了500个提示-完成对的样本，用于微调GPT-3模型，使其专注于材料化学信息的提取任务。该模型能够精准地从单个句子或摘要/段落级别中识别材料名称、结构/形态以及应用，并将这些信息分类关联，最终以结构化的JSON对象列表形式输出，极大地便利了后续的数据处理与分析工作。

Zheng等人的研究则进一步推进了这一领域的发展。他们巧妙结合了名为ChemPrompt的提示工程算法工程策略与ChatGPT的能力，自动挖掘了关于800种金属有机框架（MOFs）合成条件的文本数据，并从中提取出了高达26257个不同的合成参数。这一成就不仅展示了ChatGPT在复杂信息提取任务中的高效性与准确性（达到了90%~99%的显著准确率和召回率），还体现了其在化学领域应用的巨大潜力。此外，Zheng等人研究还展示了ChatGPT在数据标准化方面的卓越能力。他们通过ChatGPT直接管理或利用其生成的代码，实现了输出表格数据的全面标准化，包括化学符号、测量单位（如试剂量、反应时间和温度）的规范统一，化学名称向SMILES字符串的转换以及缩写与全名的精准匹配。这些功能的实现，不仅提高了数据的可读性和可用性，还为后续的数据分析、比较及建模工作奠定了坚实的基础。

针对前面提到的太阳电池领域，多家研究机构联合构建了名为Perovskite Database的钙钛矿太阳电池专属数据库，这些数据均经过领域内专家的严格筛选与标准化处理，确保了其高质量与准确性。Perovskite Database作为该领域的首个文献数据库，其开创性不容忽视，但其扩展性却受限于传统的手动构建方式——即需耗费大量时间与精力去筛选相关文献、定位关键数据，并将其逐一录入数据库，这一过程在钙钛矿太阳电池研究领域论文数量激增的背景下，显得尤为吃力，难以持续捕捉并反映最新科研成果。为了突破这一瓶颈，新南威尔士大学的研究团队创新性地引入了GPT-3.5模型，对Perovskite Database进行了自动化更新，成功提取了2021年3月至2023年3月间发表的大量研究文章中的数据。然而，这一尝试也面临了重要挑战：GPT-3.5在处理文本输入时受限于2048个标记容量，导致部分长文档内容被截断，进而影响了数据的完整性与准确性。此外，分析表明，当前的自动化提取过程可能主要聚焦于实验方法部分的描述，而忽视了结果与讨论部分中同样至关重要的信息，这些信息往往直接影响光伏器件的四个主要参数（开路电压、填充因子、短路电流、光电转换效率）及稳定性测试条件（如湿度、温度、发光强度、滤光片使用情况、封装状态）等核心指标，以及器件的衰减时间和百分比等长期性能评估参数。这种遗漏很可能是由于结果与讨论部分的语言表达更为复杂多变，甚至存在模糊性，从而增加了自动识别的难度。因此，如果将大语言模型作为构建并更新数据库的工具，其对科研文献信息提取的准确性仍需提高，或许我们仍然需要结合领域专家的人工审核与修正，不断完善模型的准确性。

6.1.3 大语言模型在材料数据获取过程中的挑战

在材料化学领域的文献信息提取任务中，GPT模型尽管通过简单的微调策略展现出了令人瞩目的多功能性和任务适应性，但在深入探索复杂文本、提取相关性及多层次信息时，其准确性仍显不足。这一现状在科学研究领域追求极致准确与严谨的要求下，对GPT模型生成的可靠性构成了严峻挑战。

首先，当务之急在于减轻大语言模型所固有的“幻觉”现象，即模型可能产生虚构、误导或与事实不符但看似合理的回答。在材料领域的研究中，这种幻觉可能引发严重后果，包括误导后续建模、误导实验设计选择，甚至对实验安全构成威胁。以 Zheng 的研究为例，GPT-3.5 在回应关于 MOF-419 合成条件的询问时，因知识数据库更新滞后而捏造了答案，而 GPT-4 则能诚实地承认其知识局限，这一对比凸显了后者通过采用干预策略和优化方法减少幻觉生成的成效。

其次，提升信息提取的准确度至关重要。当前的大语言模型多基于通用数据集进行预训练（即公开网络上的网页、书籍、新闻、代码等），对专门科学文本的关注度不足。为此，研究者们已开发了如 Galactica 等专注于科学知识的模型，以及针对特定领域的变体如专注于泛科学 SciBERT、专注于材料科学的 MatSciBERT 和专注于储能电池 BatteryBERT 等，这些模型通过专注于特定领域的数据集，有效填补了通用大语言模型在专业知识上的空白。

最后，关系提取作为信息提取中的难点，在材料科学领域尤为突出。当面对包含众多实体与复杂关系的文本时，如何准确识别并提取这些信息成为一项极具挑战性的任务。材料的性能受其元素组成、相结构（如立方相或四方相）、形态（如颗粒大小）及制备方法（如水热合成、化学气相沉积）等多重因素影响，而这些因素又进一步影响着材料的应用性能，涉及复杂的工艺参数、环境变量（如湿度、压力、温度）及其排列组合。因此，开发能够高效处理此类复杂关系的信息提取技术，对于推动材料科学研究向更高水平迈进具有重要意义。

6.2　人工智能在获取组分-工艺-性能关系中的进展

为每个材料领域的特定任务独立构建、训练和优化模型无疑增加了研究团队的负担，尤其是在考虑到领域内信息的模糊性和高度上下文依赖性时。面对这一挑战，当前已涌现出多种针对特定应用场景优化的机器学习模型和工具，但它们之间数据格式的异构性成为交互操作的障碍。为此，开发如 ChemAxon、RDKit 和 Citrine Informatics 等平台的转换程序和互操作接口显得尤为重要，这些工具能够搭建起不同系统之间的桥梁，促进数据的无缝流通。

材料信息学在数据稀缺方面面临的挑战尤为突出，这与生命科学和分子科学领域拥有大型标准化数据库的情况形成鲜明对比。材料科学领域，尤其是复杂应用方面，往往缺乏全面且标准化的数据库资源，这限制了通过计算模拟准确预测材料性能的能力。因此，研究人员不得不依赖有限的实验数据，如前面提到的手工整理的钙钛矿数据库等，这些数据库规模较小，难以满足大规模机器学习模型的需求。

面对有限的标记数据和广阔的材料空间之间的不平衡，以及可解释变量和可用训练数据之间的不匹配，研究人员需要采取创新策略来克服这些挑战。首先，更有效地利用有限的标记数据是关键，包括采用数据增强技术来增加样本多样性，以及利用迁移学习将知识从相关领域迁移到目标领域。其次，高效的特征工程也是提升模型性能的重要手段，通过精心设计的特征表示来捕捉材料的关键属性。此外，结合领域专家的先验知识和见解对于模型的训练和解释同样至关重要。专家的知识可以指导特征选择、模型架构设计以及结果解释，从而提高模型的准确性和可解释性。通过跨学科合作，将机器学习技术与材料科学知识深度融合，有望推动材料信息学领域的发展，为新材料智能设计和制造提供更加有力的支持。

6.2.1 通用大语言模型的微调功能降低了机器学习建模的使用门槛

由于化学与材料科学的众多问题本质上具有文本表达的特性（例如，氨基酸作为构建蛋白质结构的文字单元，原子与键则构成了分子的语言基础），这一特性极大地促进了将复杂特征和标签转化为自然语言序列的策略。这一过程不仅使大语言模型能够轻松处理非传统、非语言类的下游任务，还免去了烦琐的特征工程和架构调整需求。

以 Hu 等人的研究为例，他们创造性地将材料的组成或化学式转化为独特的元素序列（如 $SrTiO_3$ 转化为 Sr Ti O O O），这种序列与自然文本、氨基酸序列或 SMILES（即简化分子线性输入规范）表示法高度相似，极大地拓宽了大语言模型的应用范围。Huang 则进一步利用分子信息标记、晶体组成信息标记及公式标记等手段，精准捕捉晶体材料的几何结构、类型及组成信息，增强了模型的表征能力。Flam-Shepherd 的研究则直接将包含分子和晶体结构信息的文本文件（如 XYZ、CIF 格式）作为数据源，训练大语言模型，实现了在不依赖简化分子表示法的前提下，生成化学上有效的三维分子和晶体结构。这一方法不仅提升了模型的精确性，还减少了对数据预处理的依赖。上述自然语言序列输入策略显著降低了模型构建的技术门槛，使得新材料设计的研究者能够更便捷地与模型互动，进而推动了大语言模型在该领域的普及与应用。

此外，通过在特定任务数据集上的微调或利用上下文学习将示例嵌入提示中，大语言模型在各类材料问题上展现出了卓越的性能。Jablonka 的研究表明，即便是在数据量有限的情况下，经过微调的 GPT-3 也能达到与传统机器学习模型相媲美甚至更优的效果，仅使用 50 个数据点微调的 GPT-3 模型的性能可与使用 1000 个数据点训练的传统机器学习模型达到同样的效果，较准确地完成如高熵合金相组成识别等复杂任务。同时，该模型还成功应用于预测分子的溶解度、HOMO-LUMO 带隙、MOF 材料的热容和有机光伏材料的效率等多项理化性质，展现了其广泛的应用潜力。这些结果表明，在少量数据情况下，大语言模型的性能至少与专门为这些应用开发的机器学习模型一样出色。Weiser 等人的研究工作则进一步揭示了大语言模型在分子设计领域的潜力。他们利用 GPT-3.5 执行遗传算法，实现了对 SMILES 字符串表示的分子的精确分割与重组，证明了大语言模型已深刻理解 SMILES 的化学语法及其与分子结构之间的内在联系。此外，他们还发现大语言模型能够提出提升分子性能的可行的化学结构设计方案。

对于逆向设计的生成任务，大语言模型同样表现出色。通过简单地调整提示结构，即可引导模型根据指定的约束或属性生成有效的分子或材料。这种灵活性不仅提高了研究效率，还为材料科学领域的创新提供了无限可能。Jablonka 的研究进一步证明了这一点，通过利用 GPT-3 生成了具有特定过渡波长的光开关分子 SMILES 字符串，并通过调整 softmax 温度参数来控制生成分子的新颖性。尽管这些分子的实际有效性尚需验证，但这一研究无疑为大语言模型在分子设计领域的应用开辟了新的道路。

6.2.2 通用大语言模型的多任务学习能力减少了对大数据量的需求

通用大语言模型的多任务学习有效应对了特定任务建模中的复杂挑战。它通过训练单一模型以并行处理多个任务，实现了跨任务间的知识迁移与共享。这一方法的核心在于模型的预训练与微调过程：首先，在大规模无标注数据集上进行广泛的预训练，随后在针对特定任务的数据集上进行精细调整。特别是，当结合大型语言模型时，这一范式在下游任务中的效果尤为显著，即便是在微调数据相对稀缺的情况下也能展现出强大的功能。此外，预训练不仅显著缩短了训练周期，降低了计算资源消耗，还使得资源受限的用户也能轻松部署和应用这些先进模型。例如，Broberg 团队通过预训练基于反应数据的 SMILES 转换器模型，并在多个分子性能预测任务上微调，成功实现了在 5 个任务上相对于非预训练基线模型的显著提升。Irwin 等人则利用 BART 语言模型构建了 Chemformer。该模型在包含近 1 亿个 SMILES 字符串的 ZINC-15 未标注数据集上进行了预训练，显著加速了模型收敛，并在反应预测和分子优化等下游任务中展现了卓越性能。Huang 则创新地将复杂三维结构材料信息转化为标记化序列，为晶体材料创建了文本化表征，进而预训练了 MatInFormer 模型，通过在不同标注数据库上的微调，实现了对多种材料性能（如带隙和形成能）的精准预测。

语言模型作为序列生成的根本，在自然语言处理领域的突破得益于 Transformer 等先进神经网络架构的崛起。这些架构的序列到序列处理能力，激发了研究人员将其应用于分子与材料生成领域的灵感。Bagal 等先驱者利用 GPT 架构开发了 molGPT 模型，实现了条件化生成具有特定骨架和分子属性的分子。Wang 团队提出的 cMolGPT 模型，则在预设条件下高效生成 SMILES 字符串，推动了新型药物化合物分子设计的创新。Hu 等人的工作进一步拓展了这一领域。他们基于大语言模型训练了无机材料组成生成器，能够综合考虑化学公式的上下文及元素属性的兼容性。

6.3　大语言模型在材料领域的应用前景

大语言模型在材料领域有着广阔的应用前景，包括但不限于文献数据提取与数据库的构建、多层次关联数据的建立（如组分-工艺-性能关系），但仍旧面临上述问题亟待解决。整合多类别专业知识/数据到机器学习建模中是一个有效策略，可以显著减少数据需求，提升机器学习的可靠性，并构建出可解释的机器学习系统。这种策略不仅能够发挥大量人类知识与机器学习的综合能力，实现先前无法达到的功能和性能，还能促进人类与机器学习系统之间的互动，使机器学习的决策对人类更加透明和易于理解。Hatakeyama-Sato 的研究就探索了 GPT-4 在变量优化和回归预测任务中的应用，展示了它如何将物理和化学领域的知识及经验整合到机器学习的工作流程中。例如，任务是确定未知化合物的沸点，GPT-4 建议的实验条件为 273~373K，每 20K 一个间隔，这通常覆盖了大部分实验中遇到的分子的沸点。使用贝叶斯优化进行主动学习采样的结果显示，GPT-4 能够将实验迭代次数减少一半。

当面对涉及链式反应的多变量优化问题时（即反应为 $A+2B\xrightarrow{K_{AB}}C\xrightarrow{K_C}D$，任务为反应物的初始浓度和反应时间），GPT 利用其先验知识可以显著减少迭代次数，如高初始浓度的 A 和 B 有利于反应；同时，为避免 C 转化为 D，反应不宜持续过长，这可以将迭代次数从 10~15 次减少到 5 次。在使用有限的实验数据集预测聚合物折射率的测试案例中，研究人员利用了 GPT-4 嵌入领域知识到分子描述符的方法，发现 GPT-4 准确使用分子折射率的理论公式，并从超过 200 个描述符中筛选出最相关的 14 个。这些实验显示了将领域知识通过大语言模型整合到实验流程中的有效性。具有深厚实验和数据科学知识的专家完成的任务，现在可以部分由 GPT-4 接管。然而，需要注意的是，尽管 GPT-4 接触了广泛的语料库并获得了丰富的先验知识，具备显著的数据分析和推理能力，但这些能力并非总是充分的。从训练数据库中获得的知识未经严格审查和评估，其科学有效性无法保证，依然需要研究人员的仔细查验。

6.4 复习思考题

1. 传统的人工智能自然语言处理模型在材料数据库构建方面面临的主要挑战是什么？有哪些局限性？

2. 什么是大语言模型？大语言模型在材料科学文献数据提取中的优势是什么？

3. 如何利用大语言模型提高材料科学领域的数据提取和数据库构建效率？

4. 大语言模型在文献数据提取过程中的“幻觉”现象是什么？它会带来哪些问题？

5. 在材料科学的文献数据提取中，如何结合领域专家的知识来提高模型的准确性？

参考文献

[1] SU Y J, FU H D, BAI Y, et al. Progress in materials genome engineering in China [J]. Acta Metallurgica. Sinica 2020, 56 (10): 1313-1323.

[2] AGRAWAL A, CHOUDHARY A. Perspective: Materials informatics and big data: Realization of the "fourth paradigm" of science in materials science [J]. APL Materials, 2016, 4: 053208.

[3] LOOKMAN T, BALACHANDRAN P V, XUE D Z, et al. Active learning in materials science with emphasis on adaptive sampling using uncertainties for targeted design [J]. npj Computational Materials, 2019, 5: 21.

[4] 雷明. 机器学习：原理、算法与应用 [J]. 自动化博览，2020 (3): 7.

[5] 杨剑锋，乔佩蕊，李永梅，等. 机器学习分类问题及算法研究综述 [J]. 统计与决策，2019, 35 (6): 36-40.

[6] THEODORIS C V, XIAO L, CHOPRA A, et al. Transfer learning enables predictions in network biology [J]. Nature, 2023, 618: 616-624.

[7] AHNEMAN D T, ESTRADA J G, LIN S S, et al. Predicting reaction performance in C-N cross-coupling using machine learning [J]. Science, 2018, 360 (6385): 186-190.

[8] LU S H, ZHOU Q H, GUO Y L, et al. Coupling a crystal graph multilayer descriptor to active learning for rapid discovery of 2D ferromagnetic semiconductors/half-metals/metals [J]. Advanced Materials. 2020, 32 (29): e2002658.

[9] SONG S W, WANG Y, CHEN F, et al. Machine learning-assisted high-throughput virtual screening for on-demand customization of advanced energetic materials [J]. Engineering, 2022 (3): 99-109.

[10] QIN Z J, WANG Z, WANG Y Q, et al. Phase prediction of Ni-base superalloys via high-throughput experiments and machine learning [J]. Materials Research Letters, 2021, 9: 32.

[11] SHIELDS B J, STEVENS J, LI J. et al. Bayesian reaction optimization as a tool for chemical synthesis [J]. Nature, 2021, 590: 89-96.

[12] SIEMENN A E, REN Z, LI Q, et al. Fast Bayesian optimization of needle-in-a-haystack problems using zooming memory-based initialization (ZoMBI) [J]. npj Computational Materials, 2023, 9: 79.

[13] BURGER B, MAFFETTONE P M, GUSEV V V, et al. A mobile robotic chemist [J]. Nature, 2020, 583: 237-241.

[14] GÓMEZ-BOMBARELLI R, WEI J N, DUVENAVD D, et al. Automatic chemical design using a data-driven continuous representation of molecules [J]. ACS Central Science, 2018, 4 (2): 268-272.

[15] LEE C, JUI C, YEH A, et al. Inverse design of high entropy alloys using a deep interpretable scheme for materials attribution analysis [J]. Journal of Alloys and Compounds, 2024, 976: 173144.

[16] GÓMEZ-BOMBARELLI R, WEI J N, DUVENAUD D, et al. Automatic chemical design using a data-driven continuous representation of molecules [J]. ACS Central Science, 2018, 4 (2): 268-276.

[17] XIANG Y, YAN Z K, ZHU Y L, et al. Progress on materials genome technology [J]. Journal of University of Electronic Science and Technology of China, 2016, 45: 634-649.

[18] 项晓东，汪洪，向勇，等. 组合材料芯片技术在新材料研发中的应用 [J]. 科技导报，2015, 10: 64-78.

[19] ZHAO J C, JACKSON M R, PELUSO L A, et al. A diffusion-multiple approach for mapping phase diagrams, hardness, and elastic modulus [J]. Journal of the Minerals Metals & Materials Society, 2002, 54 (7): 42-45.

[20] LUO Z L, GENG B, BAO J, et al. Parallel solution combustion synthesis for combinatorial materials studies [J]. Journal of Combinatorial Chemistry, 2005, 7 (6): 942-946.

[21] TAKEUCHI I, YANG W, CHANG K S, et al. Monolithic multichannel ultraviolet detector arrays and continuous phase evolution in $Mg_xZn_{(1-x)}O$ composition spreads [J]. Journal of Applied Physics, 2003, 94 (11): 7336-7340.

[22] WEI T, XIANG X D, WALLACE-FREEDMAN W G, et al. Scanning tip microwave near field microscope [J]. Applied Physics Letters, 1996, 68 (24): 3506-3508.

[23] MCCLUSKEY P J, VLASSAK J J. Combinatorial nanocalorimetry [J]. Journal of Materials Research, 2010, 25 (11): 2086-2100.

[24] KIM H J, HAN J H, KAISER R, et al. High-throughput analysis of thinfilm stresses using arrays of micromachined cantilever beams [J]. Review of Scientific Instruments, 2008, 79 (4): 5112.

[25] ZHANG J, HAUCH J A, BRABEC C J. Toward self-driven autonomous material and device acceleration platforms (amadap) for emerging photovoltaics technologies [J]. Accounts of Chemical Research, 2024, 57 (9): 1434-1445.

[26] WU J C, ZHANG J Y, HU M, et al. Integrated system built for small-molecule semiconductors via high-throughput approaches [J]. Journal of the American Chemical Society, 2023, 145 (30): 16517-16525.

[27] YUAN R H, LIU Z, BALACHANDRAN P V, et al. Accelerated discovery of large electrostrains in $BaTiO_3$-based piezoelectrics using active learning [J]. Advanced Materials, 2018, 30 (7): 1702884.

[28] YUAN R H, TIAN Y, XUE D Z, et al. Accelerated search for $BaTiO_3$-based ceramics with large energy storage at low fields using machine learning and experimental design [J]. Advanced Science, 2019, 6 (21): 1901395.

[29] YUAN R H, LIU Z, XU Y Y, et al. Optimizing electrocaloric effect in barium titanate-based room temperature ferroelectrics: combining landau theory, machine learning and synthesis [J]. Acta Materialia, 2022, 235: 118054.

[30] YUAN R H, XUE D Q, XUE D Z, et al. Knowledge-based descriptor for the compositional dependence of the phase transition in $BaTiO_3$-based ferroelectrics [J]. ACS Applied Materials & Interfaces, 2020, 12 (40): 44970-44980.

[31] ZHAO S, YUAN R H, LIAO W J, et al. Descriptors for phase prediction of high entropy alloys using interpretable machine learning [J]. Journal of Materials Chemistry A, 2024, 12 (5): 2807-2819.

[32] YILDIRIM M O, YILDIRIM E C G, EREN E, et al. Automated machine learning approach in material discovery of hole selective layers for perovskite solar cells [J]. Energy Technology, 2022, 11 (1): 2200980.

[33] ZHI C Y, WANG S, SUN S J, et al. Machine-learning-assisted screening of interface passivation materials for perovskite solar cells [J]. ACS Energy Letters, 2023, 8 (3): 1424-1433.

[34] LIOW C H, KANG H, KIM S, et al. Machine learning assisted synthesis of lithium-ion batteries cathode materials [J]. Nano Energy, 2022, 98: 107214.

[35] ZHANG Y W, TANG Q C, ZHANG Y, et al. Identifying degradation patterns of lithium ion batteries from impedance spectroscopy using machine learning [J]. Nature Communications, 2020, 11 (1): 1706.

[36] TAO Q L, XU P C, LI M J, et al. Machine learning for perovskite materials design and discovery [J]. npj Computational Materials, 2021, 7 (1): 1-18.

[37] ZHANG Z, WANG H H, JACOBSSON T J, et al. Big data driven perovskite solar cell stability analysis [J]. Nature Communications, 2022, 13 (1): 7639.

[38] SAAL J E, OLIYNYK A O, MEREDIG B. Machine learning in materials discovery: confirmed predictions and their underlying approaches [J]. Annual Review of Materials Research, 2020, 50: 49-69.

[39] CHOUDHARY K, DECOST B, CHEN C, et al. Recent advances and applications of deep learning methods in materials science [J]. npj Computational Materials, 2022, 8 (1): 1-26.